Pankaja Bindu
Karthik e Deepak
Shailender Reddy Donthiri

Aquisição de dados industriais utilizando o servidor VI

Pankaja Bindu
Karthik e Deepak
Shailender Reddy Donthiri

Aquisição de dados industriais utilizando o servidor VI

ScienciaScripts

Cover image: www.ingimage.com

This book is a translation from the original published under ISBN 978-620-2-06262-6.

Publisher:
Sciencia Scripts
is a trademark of
Dodo Books Indian Ocean Ltd. and OmniScriptum S.R.L publishing group

120 High Road, East Finchley, London, N2 9ED, United Kingdom
Str. Armeneasca 28/1, office 1, Chisinau MD-2012, Republic of Moldova, Europe
Printed at: see last page
ISBN: 978-620-8-09570-3

RESUMO

A monitorização e o controlo remotos são um dos critérios mais importantes para maximizar a produção em qualquer indústria. Com o desenvolvimento da indústria moderna, a necessidade de um sistema de monitorização industrial é cada vez maior. Este projeto explica o cenário em tempo real da monitorização da temperatura nas indústrias. Os resultados são observados no Lab VIEW e no servidor Web incorporado. O sistema proposto desenvolve um dispositivo de interface de sensores essencial para a aquisição de dados de sensores de redes de sensores industriais sem fios (WSN) no ambiente da Internet das Coisas (IOT). Ao detetar os valores dos sensores, pode facilmente descobrir a temperatura e a humidade presentes na área industrial. Este servidor Web é testado quanto ao seu funcionamento, utilizando uma aplicação Web de aquisição de dados através de um navegador Web normal. A situação crítica pode ser evitada e as medidas preventivas são aplicadas com êxito.

ÍNDICE DE CONTEÚDOS

NOMENCLATURA

LABVIEW	-	LaboratoryVirtual Instrument Engineering Workbench
NI	-	National Instruments
RIO	-	Reconfigurable I/O
USB	-	Universal Serial Bus
LED	-	Light-emitting diode
VI	-	Virtual Instrumentation
TCP	-	Transmission Control Protocol
TDMS	-	Test Data Exchange Stream
WSR	-	Wireless Sensor Networks

CAPÍTULO 1
INTRODUÇÃO

1.1 SENSOR SEM FIOS

As redes de sensores sem fios (RSSF) podem ser definidas como redes sem fios auto-configuradas e sem infra-estruturas para monitorizar condições físicas ou ambientais, como a temperatura, o som, a vibração, a pressão, o movimento ou os poluentes, e para transmitir cooperativamente os seus dados através da rede para um local principal ou sumidouro, onde os dados podem ser observados e analisados. Um sumidouro ou estação de base funciona como uma interface entre os utilizadores e a rede. É possível obter as informações necessárias a partir da rede, injectando consultas e recolhendo os resultados a partir do sumidouro. Normalmente, uma rede de sensores sem fios contém centenas de milhares de nós sensores. Os nós sensores podem comunicar entre si utilizando sinais de rádio. Um nó sensor sem fios está equipado com dispositivos de deteção e computação, transceptores de rádio e componentes de alimentação. Os nós individuais numa rede de sensores sem fios (RSSF) são inerentemente limitados em termos de recursos: têm uma velocidade de processamento, uma capacidade de armazenamento e uma largura de banda de comunicação limitadas. Após a implantação dos nós sensores, estes são responsáveis pela auto-organização de uma infraestrutura de rede adequada, muitas vezes com comunicação multi-hop entre eles. Em seguida, os sensores a bordo começam a recolher informações de interesse. Os dispositivos sensores sem fios também respondem a pedidos enviados de um "local de controlo" para executar instruções específicas ou fornecer amostras de deteção. O modo de funcionamento dos nós sensores pode ser contínuo ou baseado em eventos. Os algoritmos do Sistema de Posicionamento Global (GPS) e de posicionamento local podem ser utilizados para obter informações de localização e posicionamento. Os dispositivos sensores sem fios podem ser equipados com actuadores para "agir" em determinadas condições. Estas redes são por vezes designadas mais especificamente por redes de sensores e actuadores sem fios, como descrito em (Akkaya et al., 2005).

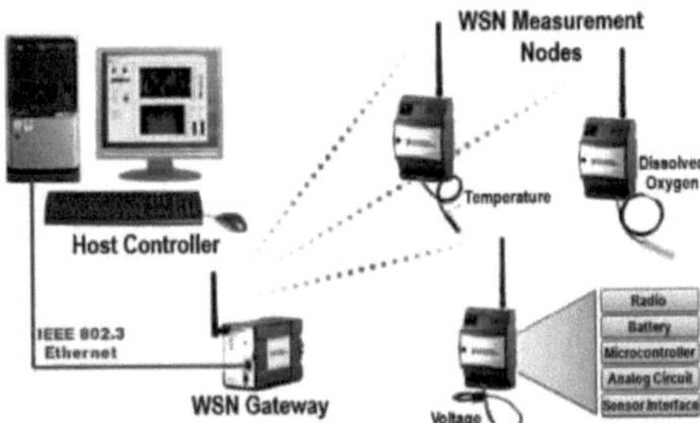

Fig. 1.1 Uma rede de sensores sem fios típica

As redes de sensores sem fios (RSSF) permitem novas aplicações e exigem paradigmas não convencionais para a conceção de protocolos devido a várias restrições. Devido à exigência de baixa complexidade dos dispositivos e de baixo consumo de energia (ou seja, longo tempo de vida da rede), é necessário encontrar um equilíbrio adequado entre as capacidades de comunicação e de processamento de sinais/dados. Este facto motiva um enorme esforço em actividades de investigação, processos de normalização e investimentos industriais neste domínio desde a última década (Chiara et. al. 2009). Atualmente, a maior parte da investigação sobre as RSSF tem-se concentrado na conceção de algoritmos e protocolos eficientes do ponto de vista energético e computacional, e o domínio de aplicação tem-se restringido a aplicações simples de monitorização e comunicação de dados (Labrador et. al. 2009). Os autores em (Chen et al., 2011) propõem um algoritmo de transição de modo de cabo (CMT), que determina o número mínimo de sensores activos para manter a cobertura K de um terreno, bem como a conetividade K da rede. Especificamente, atribui períodos de inatividade aos sensores de cabo sem afetar os requisitos de cobertura e conetividade da rede com base apenas em informações locais. Em (Cheng et al., 2011), é proposta uma estrutura de rede de recolha de dados sensível ao atraso para redes de sensores sem fios. O objetivo da estrutura de rede proposta é minimizar os atrasos nos processos de recolha de dados das redes de sensores sem fios, o que prolonga o tempo de vida da rede. Em (Matin et al., 2011), os autores consideraram os nós de retransmissão para atenuar as deficiências geométricas da rede e utilizaram algoritmos baseados na otimização por enxame de partículas (PSO) para localizar a localização ideal do sumidouro em relação a esses nós de retransmissão, a fim de ultrapassar o desafio do tempo de vida. A comunicação com eficiência energética também foi abordada em (Paul et al., 2011; Fabbri et al. 2009). Em (Paul et al., 2011), os autores propuseram uma solução geométrica para localizar a localização ideal do sumidouro para maximizar o tempo de vida da rede. Na maior parte das vezes, a investigação sobre redes de sensores sem fios tem considerado nós sensores homogéneos. Mas, atualmente, os investigadores têm-se concentrado em redes de sensores heterogéneas, em que os nós sensores são diferentes uns dos outros em termos de energia. Em (Han et al., 2010), os autores abordam o problema da implantação de nós de retransmissão para proporcionar tolerância a falhas com maior conetividade de rede em redes de sensores sem fios heterogéneas, em que os nós de sensores possuem diferentes raios de transmissão. As novas arquitecturas de rede com dispositivos heterogéneos e os recentes avanços nesta tecnologia eliminam as actuais limitações e expandem consideravelmente o espetro de aplicações possíveis para as RSSF, e tudo isto está a mudar muito rapidamente.

1.1.1 Aplicações da rede de sensores sem fios

As redes de sensores sem fios ganharam uma popularidade considerável devido à sua flexibilidade na resolução de problemas em diferentes domínios de aplicação e têm o potencial de mudar as nossas vidas de muitas maneiras diferentes. As RSSF têm sido aplicadas com êxito em vários domínios de aplicação

Aplicações militares: As redes de sensores sem fios serão provavelmente parte integrante dos sistemas militares de comando, controlo, comunicações, computação, informações, vigilância do campo de batalha, reconhecimento e seleção de alvos.

Monitorização industrial: As redes de sensores sem fios têm sido desenvolvidas para a manutenção baseada no estado das máquinas (CBM), uma vez que oferecem poupanças de custos significativas e permitem novas funcionalidades. Nos sistemas com fios, a instalação de sensores suficientes é frequentemente limitada pelo custo da cablagem.

Deteção ambiental: O termo "redes de sensores ambientais" desenvolveu-se para abranger muitas aplicações das RSSF na investigação das ciências da Terra. Isto inclui a deteção de vulcões, oceanos, glaciares, florestas, etc.

Alguns outros domínios importantes são enumerados a seguir:

- Controlo da poluição atmosférica

- Deteção de incêndios florestais
- Monitorização do efeito de estufa
- Deteção de deslizamentos de terra

Monitorização estrutural: Os sensores sem fios podem ser utilizados para monitorizar o movimento dentro de edifícios e infra-estruturas, tais como pontes, viadutos, aterros, túneis, etc., permitindo que as práticas de engenharia monitorizem os activos remotamente sem a necessidade de visitas dispendiosas ao local.

1.1.2 Estrutura de uma rede de sensores sem fios: Inclui diferentes topologias para as redes de comunicações via rádio. Segue-se uma breve análise das topologias de rede que se aplicam às redes de sensores sem fios:

A rede em estrela (single point-to-multipoint) (Wilson, 2005) é uma topologia de comunicações em que uma única estação de base pode enviar e/ou receber uma mensagem para vários nós remotos. Os nós remotos não estão autorizados a enviar mensagens uns aos outros. As vantagens deste tipo de rede para as redes de sensores sem fios incluem a simplicidade e a capacidade de reduzir ao mínimo o consumo de energia do nó remoto. Permite também comunicações de baixa latência entre o nó remoto e a estação de base. A desvantagem deste tipo de rede é o facto de a estação de base ter de estar dentro do alcance de transmissão de rádio de todos os nós individuais e não ser tão robusta como outras redes devido à sua dependência de um único nó para gerir a rede.

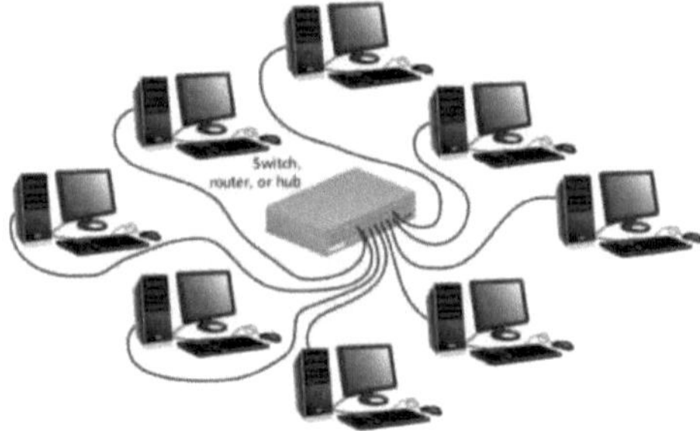

Fig.1.2 Topologia em estrela

Estrutura de um nó sensor sem fios Um nó sensor é constituído por quatro componentes básicos, tais como a unidade de deteção, a unidade de processamento, a unidade de transcepção e uma unidade de alimentação, como se pode ver na figura. As unidades de deteção são geralmente compostas por duas subunidades: sensores e conversores analógico-digitais (ADC). Os sinais analógicos produzidos pelos sensores são convertidos em sinais digitais pelo ADC, sendo depois introduzidos na unidade de processamento. A unidade de processamento está geralmente associada a uma pequena unidade de armazenamento e pode gerir os procedimentos que fazem com que o nó sensor colabore com os outros nós para realizar as tarefas de deteção atribuídas. Uma unidade transceptora liga o nó à rede. Um dos componentes mais importantes de um nó sensor é a unidade de alimentação. As unidades de alimentação podem ser apoiadas por uma unidade de recuperação de energia, como as células solares. As outras subunidades do nó dependem da aplicação. É apresentado um diagrama de blocos funcional de um nó sensor sem fios versátil. A abordagem de conceção modular proporciona uma plataforma flexível e versátil para responder às necessidades de uma grande variedade de aplicações. Por exemplo, dependendo dos sensores a utilizar, o bloco de condicionamento do sinal pode ser reprogramado ou substituído. Isto permite a utilização de uma grande variedade de sensores diferentes com o nó sensor sem fios. Da mesma forma, a ligação de rádio pode ser trocada conforme necessário para um determinado requisito de alcance sem fios das aplicações e a necessidade de comunicações bidireccionais.

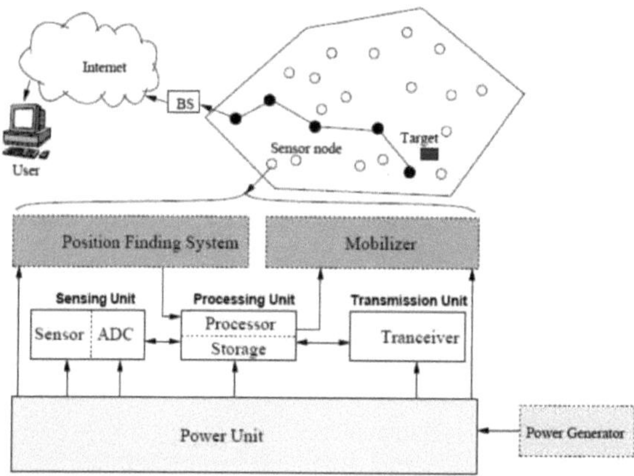

Fig.1.3 Componentes do nó sensor

Utilizando a memória flash, os nós remotos adquirem dados por comando de uma estação de base, ou por um evento detectado por uma ou mais entradas do nó. Além disso, o firmware incorporado pode ser atualizado através da rede sem fios no terreno. O microprocessador tem uma série de funções, incluindo:

- Gerir a recolha de dados dos sensores
- Realização de funções de gestão de energia
- Interface entre os dados do sensor e a camada física de rádio
- Gerir o protocolo de rede de rádio é um aspeto fundamental de qualquer nó de deteção sem fios: minimizar a energia consumida pelo sistema. Normalmente, o subsistema de rádio requer a maior quantidade de energia. Por conseguinte, os dados são enviados através da rede de rádio apenas quando são necessários. Um algoritmo deve ser carregado no nó para determinar quando enviar dados com base no evento detectado. Além disso, é importante minimizar a energia consumida pelo sensor . Por conseguinte, o hardware deve ser concebido de modo a permitir que o microprocessador controle judiciosamente a alimentação do rádio, do sensor e do condicionador de sinais do sensor

Estrutura de comunicação de uma rede de sensores sem fios Os nós sensores estão normalmente dispersos num campo de sensores. Cada um destes nós sensores dispersos tem a capacidade de recolher dados e de os encaminhar para o sumidouro e para os utilizadores finais. Os dados são reencaminhados para o utilizador final através de uma arquitetura multihop sem infra-estruturas através do sumidouro. O sumidouro pode comunicar com o nó gestor de tarefas através da Internet ou de um satélite. Figura a. Pilha de protocolos da rede de sensores sem fios é apresentada a pilha de protocolos utilizada pelo sumidouro e pelos nós sensores. Esta pilha de protocolos combina a consciência da energia e do encaminhamento, integra dados com protocolos de rede, comunica a energia de forma eficiente através do meio sem fios e promove os esforços de cooperação dos nós sensores. A pilha de protocolos consiste na camada de aplicação, na camada de transporte, na camada de rede, na camada de ligação de dados, na camada física, no plano de gestão da energia, no plano de gestão da mobilidade e no plano de gestão de tarefas. Esta camada torna o hardware e o software da camada mais baixa transparentes para o utilizador final. A camada de transporte ajuda a manter o fluxo de dados se a aplicação das redes de sensores assim o exigir. A camada de rede encarrega-se de encaminhar os dados fornecidos pela camada de transporte, através de protocolos específicos de encaminhamento sem fios multi-hop entre os nós sensores e o sumidouro. A camada de ligação de dados é responsável pela multiplexagem dos fluxos de dados, pela deteção de quadros, pelo controlo do acesso aos meios (MAC) e pelo controlo de erros. Uma vez que o ambiente é ruidoso e os nós sensores podem ser móveis, o protocolo MAC deve ter em conta a energia e ser capaz de minimizar a colisão com a difusão dos vizinhos. A camada física responde às necessidades de uma modulação simples mas robusta, seleção de frequências, encriptação de dados e técnicas de transmissão e receção. Além disso, os planos de energia, mobilidade e gestão de tarefas monitorizam a energia, o movimento e a distribuição de tarefas entre os nós sensores. Estes planos ajudam os nós sensores a coordenar a tarefa de deteção e a reduzir o consumo global de energia.

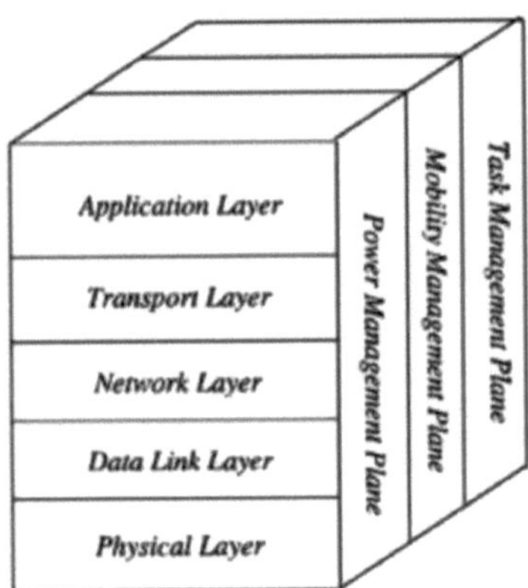

Fig.1.4 Pilha de protocall WSN

1.1.3 Abordagem de segurança baseada em camadas:

- Camada de aplicação

Os dados são recolhidos e geridos na camada de aplicação, pelo que é importante garantir a fiabilidade dos dados. Wagner (Wanger, 2004) apresentou um esquema de agregação resiliente que é aplicável a uma rede baseada em clusters, em que um líder de cluster actua como agregador em redes de sensores. No entanto, esta técnica é aplicável se o nó agregador estiver ao alcance de todos os nós de origem e se não houver um agregador interveniente entre o agregador e os nós de origem. Para provar a validade da agregação, os líderes dos agregados utilizam técnicas criptográficas para garantir a fiabilidade dos dados.

-Camada de rede

A camada de rede é responsável pelo encaminhamento das mensagens de nó para nó, de nó para líder de agrupamento, de líderes de agrupamento para líderes de agrupamento, de líderes de agrupamento para a estação de base e vice-versa.

-Camada de ligação de dados

A camada de ligação de dados faz a deteção e correção de erros e a codificação dos dados. A camada de ligação é vulnerável a ataques de interferência e DoS. O TinySec introduziu a encriptação da camada de ligação que depende de um esquema de gestão de chaves. No entanto, um atacante que disponha de uma melhor eficiência energética pode ainda efetuar um ataque. Protocolos como o LMAC têm melhores propriedades anti-interferência, o que constitui uma contramedida viável nesta camada.

-Camada física

A camada física incide sobre os meios de transmissão entre os nós emissores e receptores, a taxa de dados, a intensidade do sinal e os tipos de frequência também são abordados nesta camada. Idealmente, o espetro de propagação por salto de frequência FHSS é utilizado nas redes de sensores.

1.2 myRIO

MyRIO é uma placa de avaliação incorporada em tempo real fabricada pela National Instruments. É um dispositivo incorporado e utilizado para desenvolver aplicações que utilizam o seu FPGA e microprocessador integrados. Requer o Lab VIEW. Está vocacionada para estudantes e aplicações básicas. Os FPGAs (field-programmable gate arrays) são chips de silício reprogramáveis. Ao contrário dos processadores que se encontram no seu PC, a programação de um FPGA reconfigura o próprio chip para implementar a sua funcionalidade em vez de executar uma aplicação de software.

A FPGA do NI MyRIO é fornecida com funcionalidade predefinida. Isto inclui a interpretação de linhas de entrada/saída digital (DIO) como PWMs, receptores/transmissores assíncronos universais (UARTs), entradas de codificador, I2C e SPI. Não é necessário personalizar a FPGA para programar o processador do NI MyRIO; no entanto, se precisar de personalizar o seu projeto, pode utilizar o módulo LabVIEW FPGA para fazer alterações à personalidade predefinida ou para criar uma personalidade totalmente nova.

O dispositivo MyRIO Student Embedded apresenta E/S em ambos os lados do dispositivo sob a forma de conectores MXP e MSP. Inclui entradas analógicas, saídas analógicas, linhas de E/S digitais, LEDs, um botão de pressão, um acelerómetro integrado, uma FPGA Xilinx e um processador ARM Cortex-A9 de núcleo duplo. Alguns modelos também incluem suporte para Wi-Fi. Pode programar o MyRIO Student Embedded Device com Lab VIEW ou C. Com os seus dispositivos integrados, uma experiência de software sem falhas e uma biblioteca de material didático e tutoriais, o MyRIO Student Embedded Device é uma ferramenta acessível para estudantes e educadores.

As funcionalidades de ponta do novo NI myRIO permitem aos estudantes de engenharia concluir projectos complexos de design sénior em apenas um semestre

Fig.1.5 myRIO

O dispositivo NI MyRIO de design incorporado para estudantes foi criado para que os estudantes "façam engenharia do mundo real" num semestre. Inclui um processador ARM Cortex-A9 dual-core de 667 MHz e uma matriz de portas programáveis em campo (FPGA) personalizável da Xilinx que os estudantes podem utilizar para começar a desenvolver sistemas e resolver problemas de design complicados mais rapidamente - tudo numa estrutura elegante com um formato compacto. O dispositivo NI myRIO inclui o sistema num chip (SoC) Zynq-7010 All Programmable para libertar o poder do software de design de sistemas NI Lab VIEW, tanto numa aplicação em tempo real (RT) como ao nível da FPGA. Em vez de gastarem muito tempo a depurar a sintaxe do código ou a desenvolver interfaces de utilizador, os estudantes podem utilizar o paradigma de programação gráfica Lab VIEW para se concentrarem na construção dos seus sistemas e na resolução dos seus problemas de design sem a pressão adicional de uma ferramenta pesada. O NI myRIO é uma ferramenta de ensino reconfigurável e reutilizável que ajuda os alunos a aprender uma grande variedade de conceitos de engenharia, bem como a concluir projectos de design. As capacidades RT e FPGA, juntamente com a memória integrada e o Wi-Fi incorporado, permitem aos estudantes implementar aplicações remotamente e executá-las "sem cabeça" (sem uma ligação remota ao computador). Três conectores (duas portas de expansão NI myRIO [MXP] e uma porta NI mini Systems [MSP] que é idêntica ao conetor NI my DAQ) enviam e recebem sinais de sensores e circuitos de que os alunos necessitam nos seus sistemas. Quarenta linhas de E/S digitais no total, com suporte para SPI, saída PWM, entrada de codificador de quadratura, UART e I2C; oito entradas analógicas de terminação simples; duas entradas analógicas diferenciais; quatro saídas analógicas de terminação simples; e duas saídas analógicas referenciadas à terra permitem a conetividade a inúmeros sensores e dispositivos e o controlo programático de sistemas. Toda esta funcionalidade está incorporada e pré-configurada na funcionalidade predefinida da FPGA. Em última análise, estas caraterísticas permitem que os alunos façam engenharia no mundo real agora mesmo - desde veículos controlados por rádio até à criação de dispositivos médicos autónomos. Fácil de utilizar e com capacidade total, o dispositivo NI myRIO é simples de configurar e os alunos podem facilmente determinar o seu estado operacional. Uma personalidade FPGA totalmente configurada é implementada no dispositivo desde a fábrica, pelo que os principiantes podem começar com uma base funcional sem terem de programar uma FPGA para pôr os seus sistemas a funcionar. No entanto, o poder da E/S reconfigurável (RIO) torna-se evidente quando os estudantes começam a definir a personalidade do FPGA e a moldar o comportamento do dispositivo à aplicação. Com a escalabilidade do dispositivo, os alunos podem utilizá-lo desde aulas introdutórias de sistemas incorporados até cursos de design de final de ano em .

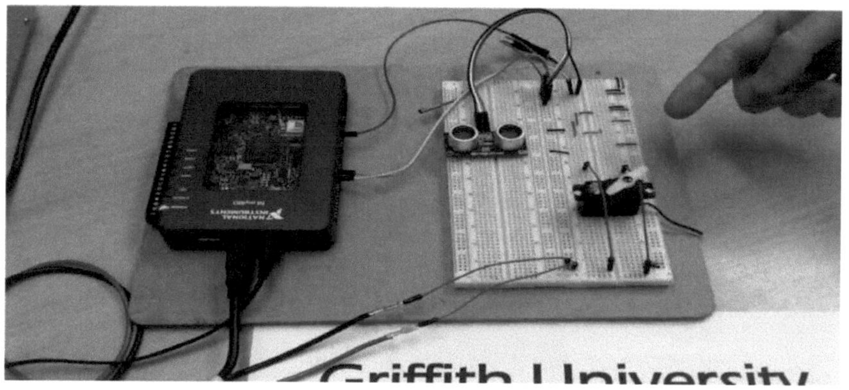

Fig. 1.6 myRIO com placa de ensaio

O Laboratory Virtual Instrument Engineering Workbench (LABVIEW) é uma plataforma de conceção de sistemas e um ambiente de desenvolvimento para uma linguagem de programação visual da National Instruments. Os estudantes e educadores precisam de ter algum conhecimento do ambiente Lab VIEW antes de tentarem realizar tarefas como a criação de uma aplicação em tempo real ou a personalização de uma FPGA. Para ajudar a desenvolver este conhecimento, a NI concebeu este workshop prático para aqueles que não têm experiência com o Lab VIEW. No entanto, não substitui a formação efectiva - não abrange todos os menus de contexto, botões ou funções do Lab VIEW. O Lab VIEW é um ambiente de programação gráfica que os alunos podem utilizar para desenvolver rapidamente aplicações que podem ser escaladas em várias plataformas e sistemas operativos. O poder do Lab VIEW reside na sua capacidade de interagir com milhares de dispositivos e instrumentos utilizando centenas de bibliotecas de funções integradas para o ajudar a acelerar o tempo de desenvolvimento e a adquirir, analisar e apresentar dados rapidamente. As aplicações no Lab VIEW imitam a aparência de instrumentos reais (como multímetros, geradores de sinais ou osciloscópios), pelo que são designadas por instrumentos virtuais ou VIs. Cada aplicação Lab VIEW tem um painel frontal, um painel de ícones/conectores e um diagrama de blocos. O painel frontal serve como imitação da interface de utilizador do mundo real do dispositivo que o VI está a definir. Os programadores podem tirar partido da flexibilidade da utilização de várias formas de representação dos dados que o instrumento está a analisar. O painel de ícones/conectores é análogo aos terminais ou fichas de um instrumento do mundo real que permitem a sua ligação a outros dispositivos. Por conseguinte, os VIs podem chamar outros VIs (chamados sub VIs) que estão todos ligados e, por sua vez, cada um desses sub VIs pode conter mais VIs, à semelhança das chamadas de função numa linguagem de programação baseada em texto. Por último, o diagrama de blocos é onde o programador cria efetivamente o código. Ao contrário das linguagens de programação baseadas em texto, como C, Java, C++ e Visual Basic, o Lab VIEW utiliza ícones em vez de linhas de texto para criar aplicações. Devido a esta diferença fundamental, o controlo da execução é tratado por um conjunto de regras para o fluxo de dados e não sequencialmente. Os fios que ligam os nós (elementos de codificação) e os VIs no diagrama de blocos determinam a ordem de execução do código. Em suma, os VIs do Lab VIEW são gráficos, orientados por fluxo de dados e programação baseada em eventos, e são compatíveis com vários alvos e multiplataformas. Possuem também flexibilidade orientada para objectos e funcionalidades de multithreading e paralelismo. As VIs do Lab VIEW podem ser implementadas em alvos de tempo real e FPGA.

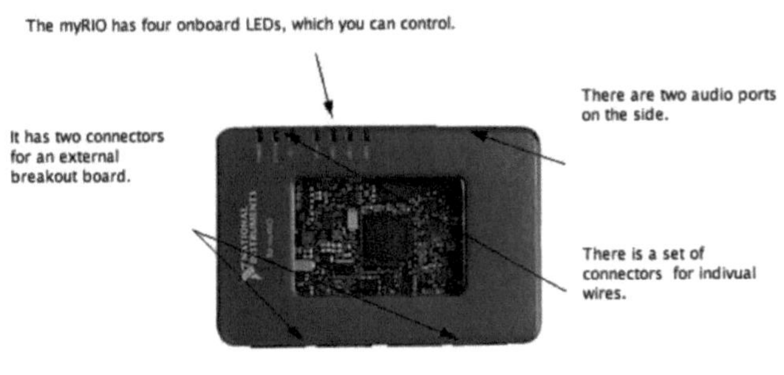

Fig.1.7myRIO

1.3 VI SERVIDOR

Uma forma mais fácil de criar uma aplicação LabVIEW em rede sobre TCP/IP permite aceder a funcionalidades de forma programática, utilizando funções do VI Server no diagrama de blocos ou através de um controlo ActiveX. Devido à transparência da rede, os utilizadores podem efetuar manipulações de um VI do próprio LabVIEW noutra máquina através da rede.

O VI Server, introduzido no LabVIEW 5.0, é um conjunto de funções que lhe permite controlar dinamicamente objectos do painel frontal, VIs e o ambiente LabVIEW. Com o VI Server, também é possível carregar e executar VIs e LabVIEW de forma programática na mesma máquina ou em uma rede. As funções do Servidor VI estão localizadas na subpaleta Funções " Controlo de Aplicações. Todos os VIs têm propriedades que podem ser lidas ou definidas e métodos que podem ser invocados usando essas funções do Servidor VI. O Servidor VI substitui os VIs de Controlo VI do LabVIEW 4.x.

O VI Server tem uma arquitetura orientada para objectos que é independente da plataforma. Cada objeto que faz parte do VI Server faz parte de uma classe. A classe da qual o objeto faz parte determina quais as propriedades e métodos disponíveis. Muitas destas classes têm subclasses. Por exemplo, qualquer controlo booleano é um membro da classe Boolean, que é um membro da classe Control. A classe Controlo é um membro da classe GObject, que é um membro da classe Generic. As classes de nível inferior, como a classe Boolean, têm as suas próprias propriedades e métodos, e herdam propriedades e métodos de classes de nível superior, como a classe Generic.

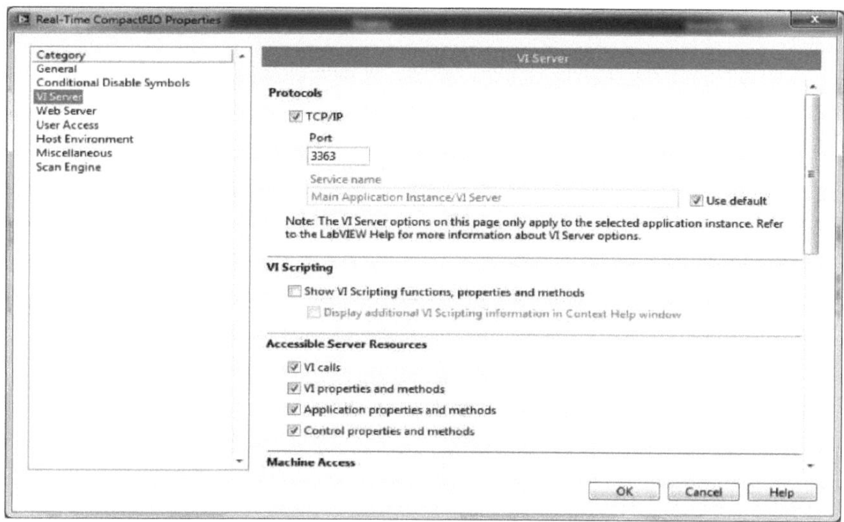

Fig.1.8 Servidor VI

O servidor VI pode alterar programaticamente as caraterísticas dos objectos do painel frontal (FPO), dos VI e do próprio Labview, invocar métodos (acções) nos FPO, carregar, editar e executar dinamicamente os VI no computador local ou através de uma rede - assunto tratado mais tarde.

Cada objeto do painel frontal pode ter as suas propriedades, como a cor, o tamanho, o valor, o tipo de letra, etc., alteradas dinamicamente. Cada FPO também pode ter a sua propriedade lida. Pegue no nó de propriedade da paleta Aplicação, clique com o botão direito do rato e ligue ao FPO relevante.

Invoke Nodes executa uma ação, ou método, associado a um FPO Initialise to Default values export Image Highlight Object. As funcionalidades do VI Server do LabVIEW dão-lhe acesso programático às propriedades e métodos de controlos, indicadores, VIs e até à própria aplicação LabVIEW. É um material bastante poderoso. Você pode usá-lo para mostrar/ocultar controles, mudar o estilo da janela do seu VI, executar VIs localmente ou em outros computadores, e muito mais.

A caraterística distintiva geral entre o Servidor VI e o código "normal" do diagrama VI (que normalmente lida com a manipulação de dados) é a utilização de referências do Servidor VI. Abre-se uma referência ao item que se pretende utilizar (por exemplo, VI, controlo ou aplicação), lê-se/escreve-se propriedades ou invoca-se métodos, e depois fecha-se a referência. Tal como referi brevemente na minha última publicação, é necessário ter cuidado para fechar as referências corretamente. O LabVIEW fechará automaticamente as referências quando seu VI de nível superior parar de funcionar, mas referências abertas erroneamente podem causar problemas enquanto seus VIs estão em execução, incluindo uso excessivo de memória e manutenção de VIs desnecessários na memória.

Como posso publicar o meu VI numa página Web?

Aceda a **Ferramentas "Opções "Servidor Web** e active o seu servidor Web

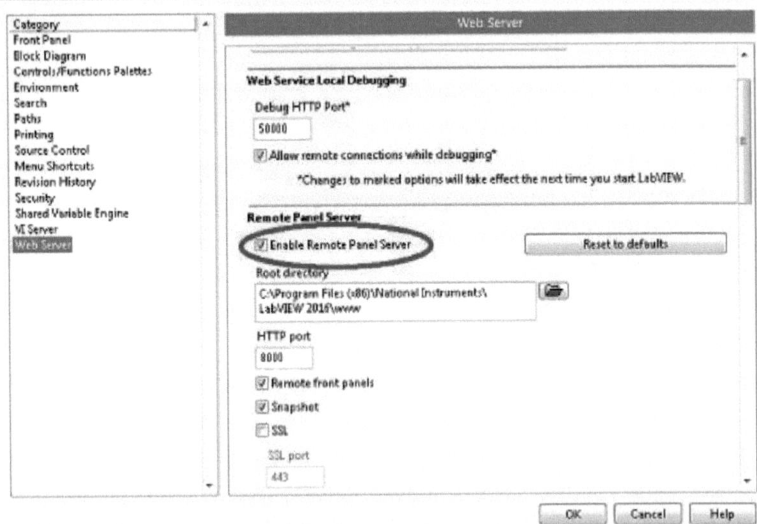

1. Coloque o nome do seu VI em **Tools "Options "Web Server: VIs visíveis**.

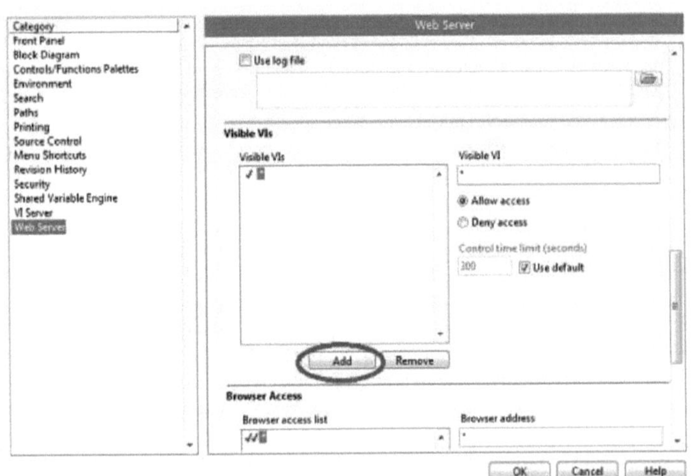

2. Coloque o nome de rede do computador que precisa de visualizar o VI em **Ferramentas "Opções "Servidor Web: Acesso ao navegador** e selecionar **Permitir visualização e controlo.**

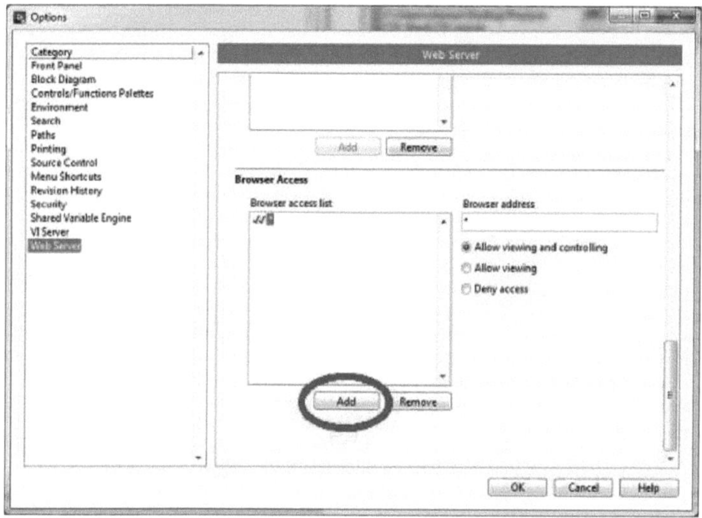

3. Vá a **Tools "Web Publishing Tool** e selecione o VI que pretende publicar e o modo de visualização com o qual pretende visualizá-lo.

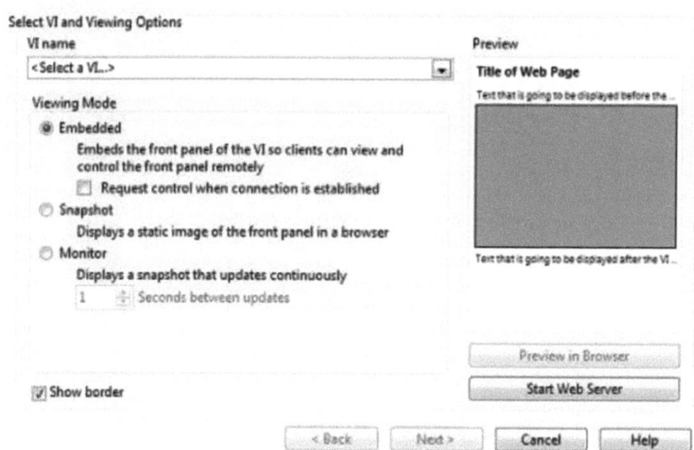

Se selecionar o modo de visualização **Embedded**, qualquer computador que tente aceder ao VI na página Web tem de ter a mesma versão ou uma versão mais recente do LabVIEW Runtime Engine que o VI utiliza. Também é necessário usar um dos seguintes navegadores (para obter mais informações sobre compatibilidade de navegadores, consulte os links relacionados):

- Internet Explorer 5.5 e superior
- Netscape 4.7 e superior
- Mozilla Firefox
- Ópera

4. Para criar um ficheiro .html, clique na seta seguinte até chegar à janela **Guardar a nova página Web**. Selecione onde guardar o ficheiro .html e escolha o nome do ficheiro. Guarde o ficheiro no disco e poderá aceder ao seu painel frontal abrindo o ficheiro .html.

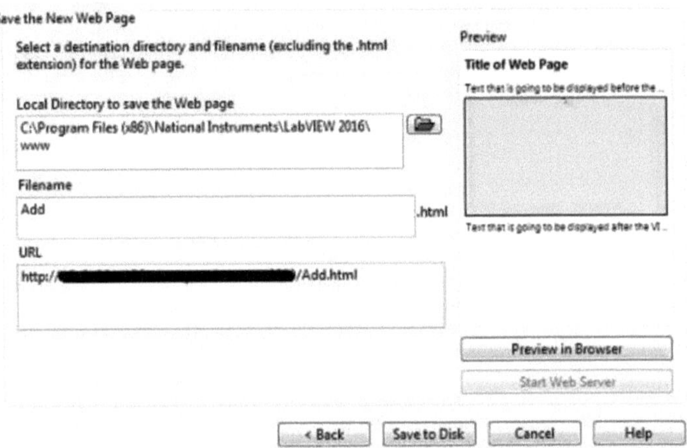

CAPÍTULO 2

PESQUISA BIBLIOGRÁFICA

É apresentado em pormenor um sistema de aquisição de dados portátil e de baixo custo baseado em GPRS, que estabelece uma ligação bidirecional fiável para a aquisição de dados.[1]

O dispositivo incorporado comunica através do General Packet Radio Service (GPRS), o que o torna acessível a partir de qualquer parte do mundo através de um servidor Web incorporado no dispositivo incorporado. Além disso, o GPRS proporciona uma transferência de dados bidirecional em tempo real, permitindo a interação. Este sistema utiliza um servidor fictício para informações estáticas, optimizando assim a transferência de grandes volumes de dados. O utilizador pode iniciar sessão diretamente e interagir com o dispositivo incorporado em tempo real, sem necessidade de manter um servidor adicional. [1] Ferrari, A. Flammini, D. Marioli, E. Sisinni e A. Taroni, An Internet based interactive embedded data acquisition system for real time application, IEEE Transs. Instrument measurement, vol.54, no. 6, Dez. 2005.

A conceção mais simples de um sistema de aquisição de dados baseado no sistema operativo Linux é apresentada em pormenor [2]

O sistema operativo Linux é uma escolha popular para muitas aplicações incorporadas em tempo real e sistemas de PC. O sistema operativo Linux em tempo real (RT Linux RTOS) torna o sistema mais em tempo real e gere vários processos com base em mecanismos de programação fiáveis e multitarefas. O equipamento incorporado foi filtrado para os domínios da Ethernet tradicional. [2] Manivannan M, Kumaresan N, Design of on-line interactive data acquisition and control System for Embedded real time application, Proc. IEEE International Conference on Emerging Trends in Electrical and Computer Technology, pp. 551-556, 2011

A monitorização e o controlo remotos de parâmetros industriais utilizando um servidor Web incorporado e um sistema global de comunicações móveis são descritos em pormenor.[3]

Existem dispositivos de aquisição e controlo de dados que substituem um supervisor numa operação de trabalho em vários locais. Embora estes sistemas sejam bem construídos e sirvam para uma tarefa específica, o utilizador não pode interagir com o sistema, que utiliza o Sistema Global de Comunicações Móveis (GSM), uma escolha popular sem fios para a conetividade entre as unidades de aquisição de dados e os clientes. Um servidor Web fornece acesso ao dispositivo final de acordo com o pedido do cliente. Nestes sistemas, existe uma unidade funcional central que aloja páginas Web. Nestas aplicações, os dados são carregados num servidor central e depois servidos aos clientes através da Internet. Uma pessoa que precise de aceder a quaisquer dados tem de aceder primeiro ao servidor. Quando o endereço IP configurado é introduzido, é apresentada uma página Web pré-concebida através da qual podemos monitorizar e controlar um determinado dispositivo. No entanto, ainda não existe um esforço para minimizar os custos operacionais (incluindo os custos de transferência de uma grande quantidade de dados). Além disso, este sistema é baseado num PC industrial, o que o torna uma solução dispendiosa. A interação com a unidade incorporada é também uma questão importante. Uma placa de PC incorporada colocada na Internet permite uma interação limitada através de comandos enviados através do Protocolo de Controlo de Transmissão/IP (TCP/IP) e do Protocolo de Datagrama do Utilizador. [3] Prof.S.S.Wagh,

PradeepV.Kalge, Remote monitoring and control of industrial parameters Using Embedded web server and GSM, Indian Journal of applied research, vol. 3, pp. 214, Jul. 2013.

O servidor Web incorporado foi concebido e construído como um módulo de expansão para um dos nós da rede de sensores sem fios (RSSF).[4]

Permite que os utilizadores autorizados da Internet estabeleçam uma comunicação bidirecional com a rede de sensores. O servidor utiliza os recursos limitados de hardware disponíveis para implementar uma interface com o nó da RSSF e para servir páginas HTML dinâmicas ao utilizador remoto. Isto permite ao utilizador monitorizar remotamente o funcionamento da RSSF, descarregar periodicamente os dados detectados e alterar o modo de funcionamento da rede. Para além de fornecer serviços de monitorização e recolha de dados, o servidor Web incorporado pode gerar alertas por correio eletrónico sobre problemas críticos na RSSF, fornecer acesso seguro a módulos que alteram o funcionamento da RSSF, desligar nós sensores e registar dados da rede numa memória flash incorporada [4]DejanRaskovic, VenkatramanaRevuri, David Giessel e AleksandarMilenkovic, Embedded web server for wireless sensor network, IEEE 41st Southeastern Symposium on System Theory, pp.19- 23, Mar. 15-17, 2009.

O projeto e a implementação de um servidor Web incorporado baseado em ARM são apresentados em pormenor.[5]

O processador armado presente no Raspberry pi fornece a plataforma para a aquisição de dados, a unidade de controlo e o servidor Web incorporado. O servidor Web incorporado monitoriza continuamente os valores de temperatura do sensor de temperatura DHT 11 e coloca-os no servidor. Esta tarefa é acompanhada por uma ação de controlo do lado do servidor se o cliente também o pretender fazer. As páginas Web incorporadas são escritas e concebidas em HTML. Estas páginas são de fácil utilização para evitar complexidades desnecessárias para o cliente. O cliente, por outro lado, pode aceder a um dispositivo remoto utilizando o servidor Web incorporado, bastando-lhe iniciar sessão na página utilizando um nome de utilizador e uma palavra-passe válidos para poder aceder a todos os dados num segundo. [5] Mo Guan, MinghaiGu, Design and Implementation of an Embedded Web server based on ARM, IEEE International Conference on Computer Science Education, 2012, pp 479-482.

São apresentados em pormenor vários servidores Web e a sua comparação.[6]

Um servidor Web incorporado (EWS) é um servidor Web que funciona num sistema incorporado com recursos informáticos limitados para servir documentos Web incorporados a um navegador Web. Ao incorporar um servidor Web num dispositivo de rede, é possível fornecer uma interface de gestão do utilizador baseada na Web, que é de fácil utilização, pouco dispendiosa, multiplataforma e preparada para a rede. Este artigo explora o tema de um servidor Web incorporado eficiente e leve para a gestão de elementos de rede com base na Web. [6] Hong-TaekJu, Mi-Joung Choi e James W. Hong, An efficient and lightweight embedded Web server for Web-based network element management, International journal of Network Mgmt, pp. 261-275, 2000.

É abordada a implementação de TCP/IP num servidor Web incorporado utilizando Raspberry Pi.[7]

Um sistema incorporado é um sistema informático concebido para funções de controlo específicas no âmbito de um sistema maior, frequentemente com restrições de computação em tempo real, mas quando a tecnologia de ligação em rede é combinada com ele, o âmbito dos sistemas incorporados aumenta ainda mais. Apresenta-se aqui o projeto e a implementação de um servidor Web incorporado. Este pode ser utilizado para o sistema de monitorização de equipamentos eléctricos. Na conceção do h/w é utilizado o Raspberry pi do Xbee. Os sensores estão ligados ao microcontrolador. Parâmetros como a temperatura e o gás são medidos e transmitidos ao PC através do protocolo de série SPI. Os valores recebidos no PC são carregados na Internet através de um cabo Ethernet. Assim, digitando o endereço IP no navegador Web, o cliente pode monitorizar todos os dispositivos na indústria a partir de qualquer lugar remoto através do seu próprio navegador local. A comunicação Ethernet é descrita e o fluxo de dados é analisado em último lugar. [7] Bhuvaneswari.S, SahayaAnselinNisha.A, Implementation of Tcp/Ip on Embedded web Server using Raspberry Pi in industrial application, IJARCCE, vol. 3, pp. 5240-5244, Mar. 2014

O servidor Web incorporado é pormenorizado.[8]

Um servidor Web incorporado controla, em geral, a utilização dos recursos do sistema, executando o servidor Web dentro de limites rigorosamente controlados, de modo a que os erros não comprometam as operações do sistema. Os servidores Web incorporados são atualmente muito utilizados para a gestão de elementos baseados em IP. Este documento centra-se na realização da suite TCP/IP e da plataforma de desenvolvimento do utilizador para este servidor Web incorporado. Um dos principais objectivos deste trabalho é fornecer uma abordagem eficaz de acesso a equipamentos tradicionais que não têm interface com a Internet e uma política de redução do conjunto de protocolos TCP/IP. Tirando partido das modernas tecnologias Web, a arquitetura proposta fornece um método para desenvolver aplicações de gestão de forma eficiente e para gerir eficazmente os dispositivos de rede. Apresenta e discute caraterísticas arquitectónicas, [8] Igor Klimchynski, Extensible Embedded web server architecture for internet based data Acquisition and control, IEEE Sensor Journal, vol. 6, no. 3, pp. 804-811, Jun. 2006.

É apresentada em pormenor a arquitetura de um servidor Web incorporado para aquisição e controlo de dados com base na Internet.[9]

Os sistemas de monitorização baseados em servidores Web são amplamente utilizados em muitas indústrias e configuram um servidor baseado em PC que consome muito espaço e energia. A ideia é fornecer o mesmo serviço de monitorização baseado num servidor Web com muito menos espaço e baixo consumo de energia. O objetivo deste documento é conceber um sistema remoto de aquisição de dados controlado por um processador ARM e uma aplicação de servidor Web. Este sistema não só permite a monitorização dos dispositivos, como também o seu controlo [9] Igor Klimchynski, Extensible Embedded web server architecture for internet based data Acquisition and control, IEEE Sensor Journal, vol. 6, no. 3, pp. 804-811, Jun. 2006.

É abordado o sistema de aquisição e controlo de dados que utiliza um servidor Web incorporado.[10]

Contém um processador ARM portátil RTOS. O sistema operativo em tempo real gere todas as tarefas, como a medição de sinais, a conversão de sinais, a atualização da base de dados, o envio de páginas HTML e a ligação/comunicação com novos utilizadores [10] Soumya Sunny. P ,Roopa.M, Dataacquisition and control system using Embedded web Server, IJETT, vol. 3, pp. 411-414, 2012.

A conceção e o desenvolvimento de um servidor Web baseado no processador ARM são pormenorizados.[11]

As aplicações incorporadas em tempo real, como o sistema de aquisição remota de dados, exigem o desenvolvimento de serviços Web em vários processadores incorporados, como a máquina RISC avançada (ARM), num contexto de tempo real. A aplicação de servidor Web incorporado é desenvolvida e portada para o ARM 11, que actua como servidor Web. As páginas Web necessárias para o servidor Web foram desenvolvidas utilizando HTML.[11] V.BillyRakesh Roy, SanketDessai e Shiva Prasad Yadav, Design and development of ARM processor based web server, IJRTE, vol. 1,no. 4, pp. 94-98, maio de 2009.

CAPÍTULO 3

CONCEPÇÃO DE UMA REDE DE SENSORES SEM FIOS

3.1 LM 35

De um modo geral, um sensor de temperatura é um dispositivo concebido especificamente para medir o calor ou o frio de um objeto. O LM35 é um sensor de temperatura IC de precisão com a sua saída proporcional à temperatura (em °C). Com o LM35, a temperatura pode ser medida com mais precisão do que com um termistor. Também possui baixo auto-aquecimento e não causa mais de 0,1 °C de aumento de temperatura em ar parado. A gama de temperaturas de funcionamento é de -55°C a 150°C. A baixa impedância de saída do LM35, a saída linear e a calibração inerente precisa tornam a interface com circuitos de leitura ou de controlo especialmente fácil. Encontrou as suas aplicações em fontes de alimentação, gestão de baterias, aparelhos, etc.

3.1.1 SENSOR DE TEMPERATURA LM35

O LM35 é um sensor de circuito integrado que pode ser utilizado para medir a temperatura com uma saída eléctrica proporcional à temperatura (em °C). Pode medir a temperatura com mais precisão do que utilizando um termístor. O circuito do sensor é selado e não está sujeito a oxidação. O LM35 gera uma tensão de saída mais elevada do que os termopares e pode não exigir que a tensão de saída seja amplificada. O LM35 tem uma tensão de saída que é proporcional à temperatura Celsius. O fator de escala é de .01V/°C.

O LM35 não requer qualquer calibração ou corte externo e mantém uma exatidão de +/-0,4°C à temperatura ambiente e +/-0,8°C numa gama de 0°C a +100°C. Outra caraterística importante do LM35 é o facto de consumir apenas 60 micro-amperes da sua alimentação e possuir uma baixa capacidade de auto-aquecimento. O LM35 é fornecido em muitas embalagens diferentes, tais como a embalagem TO-92 semelhante a um transístor em plástico, a embalagem T0-46 semelhante a um transístor em lata metálica e a embalagem SO-8 de contorno pequeno para montagem em superfície de 8 derivações.

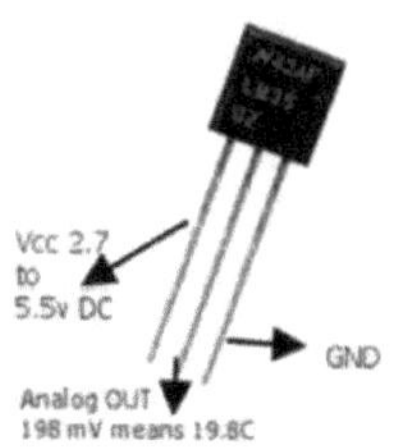

Fig.3.1 Sensor LM35

3.1.2 PRINCÍPIO DE FUNCIONAMENTO DO LM 35

Há dois transístores no centro do desenho. Um tem dez vezes a área do emissor do outro. Isto significa que tem um décimo da densidade de corrente, uma vez que a mesma corrente passa por ambos os transístores. Isto provoca uma tensão na resistência R1 que é proporcional à temperatura absoluta, e é quase linear em toda a gama. A parte do "quase" é tratada por um circuito especial que endireita o gráfico ligeiramente curvo da tensão versus temperatura. O amplificador no topo assegura que a tensão na base do transístor esquerdo (Q1) é proporcional à temperatura absoluta (PTAT), comparando a saída dos dois transístores. O amplificador à direita converte a temperatura absoluta (medida em Kelvin) em Fahrenheit ou Celsius, dependendo da peça (LM34 ou LM35). O pequeno círculo com o "i" é um circuito de fonte de corrente constante. As duas resistências são calibradas na fábrica para produzir um sensor de temperatura altamente preciso. O circuito integrado tem muitos transístores - dois no meio, alguns em cada amplificador, alguns na fonte de corrente constante e alguns no circuito de compensação de curvatura. Tudo isso cabe numa pequena embalagem com três fios.

3.1.3 DESCRIÇÃO:

A série LM35 é constituída por dispositivos de temperatura de precisão de circuito integrado com uma tensão de saída linearmente proporcional à temperatura centígrada. O dispositivo LM35 tem uma vantagem sobre os sensores de temperatura lineares calibrados em Kelvin, uma vez que o utilizador não é obrigado a subtrair uma grande tensão constante da saída para obter uma escala centígrada conveniente. O dispositivo LM35 não requer qualquer calibração externa ou corte de linha para fornecer precisões típicas de $\pm{}^3/_4$ °C à temperatura ambiente e $\pm{}^3/_4$ °C numa gama completa de temperaturas de -55 °C a 150 °C. O custo mais baixo é assegurado pelo corte e calibração ao nível da bolacha. A baixa impedância de saída, a saída linear e a calibração inerente precisa do dispositivo LM35 tornam a interface com circuitos de leitura ou de controlo especialmente fácil. O dispositivo é utilizado com fontes de alimentação simples, ou com fontes mais e menos. Como o dispositivo LM35 consome apenas 60 μA da alimentação, tem um auto-aquecimento muito baixo, inferior a 0,1°C em ar parado. O dispositivo LM35 está classificado para funcionar num intervalo de temperatura de -55°C a 150°C, enquanto o dispositivo LM35C está classificado para um intervalo de -40°C a 110°C (10° com precisão melhorada). Os dispositivos da série LM35 estão disponíveis em embalagens herméticas de transístor TO, enquanto os dispositivos LM35C, LM35CA e LM35D estão disponíveis na embalagem plástica de transístor TO-92. O dispositivo LM35D está disponível num encapsulamento de montagem em superfície de 8 fios e num encapsulamento de plástico TO-220.

O LM35 é um sensor de temperatura de 3 pinos que requer um VCC e GND e, em troca, o terceiro pino restante dá-nos uma saída analógica. Para ver as configurações dos pinos, consulte o diagrama de circuito abaixo. Esta saída é depois fornecida aos ADCs presentes no circuito integrado Mega 16 que, de acordo com uma fórmula, calculam a temperatura em formato °C. A série LM35 é constituída por sensores de temperatura de precisão de circuito integrado, cuja tensão de saída é linearmente proporcional à temperatura Celsius (centígrada). O LM35 tem assim uma vantagem sobre os sensores de temperatura lineares calibrados em ° Kelvin.

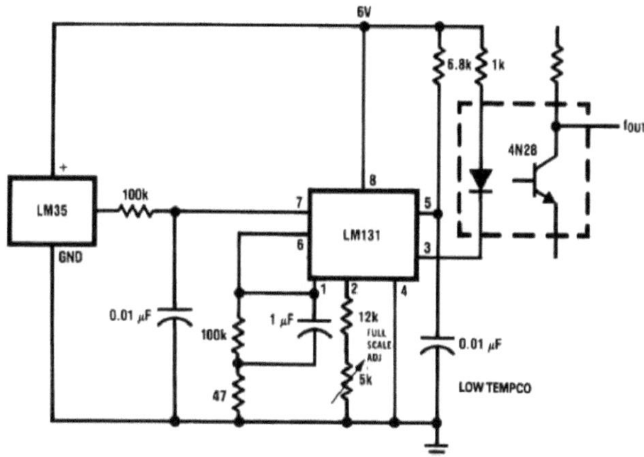

Fig.3.2 Diagrama do circuito do LM35

3.1.4 CARACTERÍSTICAS:

Calibrado diretamente em graus Celsius (centígrados)

Linear + fator de escala de 10 mV/°C

0,5°C Precisão garantida (a 25°C)

Classificado para uma gama completa de -55°C a 150°C

Adequado para aplicações remotas

Baixo custo devido ao corte ao nível do wafer

Funciona de 4 V a 30 V

Menos de 60-μA Drenagem de corrente

Baixo auto-aquecimento, 0,08°C em ar parado

Não linearidade Apenas ±³⁄₄ °C Típico

Saída de baixa impedância, 0,1 O para carga de 1 mA

3.2 DHT 11

Um sensor de humidade (ou higrómetro) detecta, mede e comunica a humidade relativa do ar. Assim, mede tanto a humidade como a temperatura do ar. A humidade relativa é a relação entre a humidade real no ar e a quantidade máxima de humidade que pode ser mantida a essa temperatura do ar. Quanto mais quente for a temperatura do ar, mais humidade pode reter. Os sensores de humidade / orvalho utilizam a medição capacitiva, que se baseia na capacitância eléctrica. A capacidade eléctrica é a capacidade de dois condutores eléctricos próximos criarem um campo elétrico entre eles. O sensor é composto por duas placas de metal e contém uma película de polímero não condutor entre elas. Esta película recolhe a humidade do ar, o que provoca a alteração da tensão entre as duas placas. Estas alterações de tensão são convertidas em leituras digitais que indicam o nível de humidade no ar.

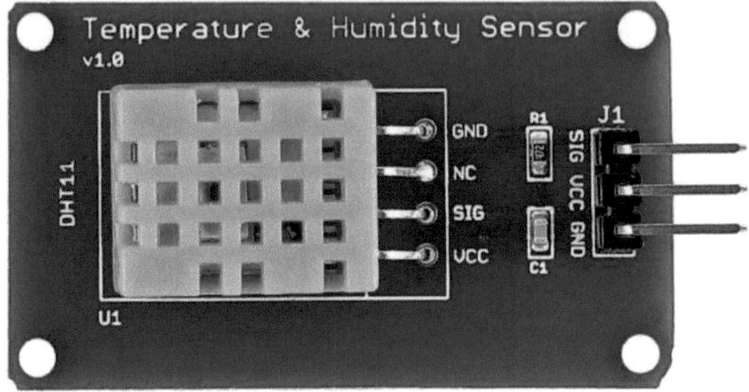

Fig.3.3 Sensor DHT11

3.2.1 SENSOR DE HUMIDADE DHT11

Este sensor de temperatura e humidade DFRobot DHT11 possui um complexo sensor de temperatura e humidade com uma saída de sinal digital calibrada. Ao utilizar a técnica exclusiva de aquisição de sinal digital e a tecnologia de deteção de temperatura e humidade, garante uma elevada fiabilidade e uma excelente estabilidade a longo prazo. Este sensor inclui um componente de medição de humidade do tipo resistivo e um componente de medição de temperatura NTC, e liga-se a um microcontrolador de 8 bits de elevado desempenho, oferecendo uma excelente qualidade, resposta rápida, capacidade anti-interferência e rentabilidade.

O sensor digital de temperatura e humidade DHT11 é um sensor composto que contém um sinal digital calibrado de saída da temperatura e da humidade. O sensor inclui um sensor resistivo de componentes húmidos e um dispositivo de medição de temperatura NTC, e está ligado a um microcontrolador de 8 bits de alto desempenho.
Cada elemento DHT11 é rigorosamente calibrado em laboratório, sendo extremamente preciso na calibração da humidade. Os coeficientes de calibração são armazenados como programas na memória OTP, que são utilizados pelo processo interno de deteção de sinais do sensor. A interface série de fio único torna a integração do sistema rápida e fácil. O seu tamanho reduzido, o baixo consumo de energia e a transmissão de sinal até 20 metros tornam-no a melhor escolha para várias aplicações, incluindo as mais exigentes. O componente é um pacote de 4 pinos de uma fila de pinos. É fácil de ligar e podem ser fornecidas embalagens especiais de acordo com os pedidos dos utilizadores. A fonte de alimentação deve ser de 3-5,5V DC. Quando a alimentação é fornecida ao sensor, não enviar qualquer instrução para o sensor no espaço de um segundo para passar o estado instável. Pode ser adicionado um condensador de 100nF entre VDD e GND para filtragem da alimentação. Os dados de barramento único são utilizados para a comunicação entre o MCU e o DHT11.

3.2.2 PRINCÍPIO DE FUNCIONAMENTO

São constituídos por um componente sensor de humidade, um sensor de temperatura NTC (ou termistor) e um CI na parte de trás do sensor. Para medir a humidade, utilizam o componente sensor de humidade que tem dois eléctrodos com um substrato que retém a humidade entre eles. Assim, à medida que a humidade muda, a condutividade do substrato muda ou a resistência entre estes eléctrodos muda. Esta alteração da resistência é medida e processada pelo CI, que a torna pronta para ser lida por um microcontrolador. Por outro lado, para medir a temperatura, estes sensores utilizam um sensor de temperatura NTC ou um termistor. Um termistor é, de facto, uma resistência variável que altera a sua resistência com a alteração da temperatura. Estes sensores são fabricados através da sinterização de materiais semi-condutores, tais como cerâmicas ou polímeros, de modo a proporcionar maiores alterações na resistência com apenas pequenas alterações de temperatura. O termo "NTC" significa "Coeficiente de Temperatura Negativo", o que significa que a resistência diminui com o aumento da temperatura.

3.2.3 DESCRIÇÃO

A série LM35 é constituída por dispositivos de temperatura de precisão de circuito integrado com uma tensão de saída linearmente proporcional à temperatura centígrada. O dispositivo LM35 tem uma vantagem sobre os sensores de temperatura lineares calibrados em Kelvin, uma vez que o utilizador não é obrigado a subtrair uma grande tensão constante da saída para obter uma escala centígrada conveniente. O dispositivo LM35 não necessita de qualquer calibração ou corte externo para fornecer precisões típicas de $\pm{}^{3}/_{4}$ °C à temperatura ambiente e $\pm{}^{3}/_{4}$ °C numa gama completa de temperaturas de -55 °C a 150 °C. O custo mais baixo é assegurado pelo corte e calibração ao nível da bolacha. A baixa impedância de saída, a saída linear e a calibração inerente precisa do dispositivo LM35 tornam a interface com circuitos de leitura ou de controlo especialmente fácil. O dispositivo é utilizado com fontes de alimentação simples, ou com fontes mais e menos. Como o dispositivo LM35 consome apenas 60 µA da alimentação, tem um auto-aquecimento muito baixo, inferior a 0,1°C em ar parado. O dispositivo LM35 está classificado para funcionar num intervalo de temperatura de -55°C a 150°C, enquanto o dispositivo LM35C está classificado para um intervalo de -40°C a 110°C (10° com precisão melhorada). Os dispositivos da série LM35 estão disponíveis em embalagens herméticas de transístor TO, enquanto os dispositivos LM35C, LM35CA e LM35D estão disponíveis na embalagem plástica de transístor TO-92. O dispositivo LM35D está disponível num encapsulamento de montagem em superfície de 8 fios e num encapsulamento de plástico TO-220.

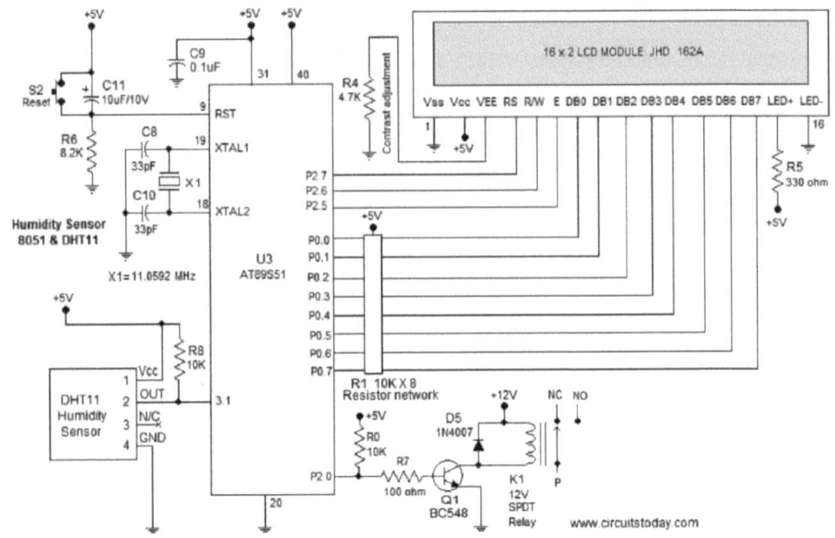

Fig.3.4 DHT11 utilizando o microcontrolador 8051

3.2.4 CARACTERÍSTICAS

Calibrado diretamente em graus Celsius (centígrados)

Linear + fator de escala de 10 mV/°C

0,5°C Precisão garantida (a 25°C)

Classificado para uma gama completa de -55°C a 150°C

Adequado para aplicações remotas

Baixo custo devido ao corte ao nível do wafer

Funciona de 4 V a 30 V

Menos de 60-µA Drenagem de corrente

Baixo auto-aquecimento, 0,08°C em ar parado

Não linearidade Apenas $\pm^{3}/_{4}$ °C Típico

Saída de baixa impedância, 0,1 O para carga de 1 mA

3.3 LED

Um díodo emissor de luz (LED) é uma fonte de luz semicondutora de dois condutores. É um díodo de junção p-n que emite luz quando ativado. Quando é aplicada uma tensão adequada aos

condutores, os electrões podem recombinar-se com os buracos de electrões no interior do dispositivo, libertando energia sob a forma de fotões. Este efeito é designado por eletroluminescência e a cor da luz (correspondente à energia do fotão) é determinada pelo intervalo de energia do semicondutor. Os LEDs são tipicamente pequenos (menos de 1 mm2) e podem ser utilizados componentes ópticos integrados para moldar o padrão de radiação.
Surgidos como componentes electrónicos práticos em 1962, os primeiros LED emitiam luz infravermelha de baixa intensidade. Os LED de infravermelhos continuam a ser frequentemente utilizados como elementos de transmissão em circuitos de controlo remoto, como os dos controlos remotos de uma grande variedade de produtos electrónicos de consumo. Os primeiros LED de luz visível eram também de baixa intensidade e limitavam-se ao vermelho. Os LED modernos estão disponíveis nos comprimentos de onda visível, ultravioleta e infravermelho, com um brilho muito elevado.

Os primeiros LED eram frequentemente utilizados como lâmpadas indicadoras para dispositivos electrónicos, substituindo pequenas lâmpadas incandescentes. Em breve, foram integrados em leituras numéricas sob a forma de ecrãs de sete segmentos e eram frequentemente vistos em relógios digitais. Desenvolvimentos recentes produziram LEDs adequados para iluminação ambiental e de tarefas. Os LEDs deram origem a novos ecrãs e sensores, enquanto as suas elevadas taxas de comutação são úteis em tecnologias de comunicação avançadas.

Os LEDs têm muitas vantagens em relação às fontes de luz incandescentes, incluindo um menor consumo de energia, uma vida útil mais longa, uma maior robustez física, um tamanho mais pequeno e uma comutação mais rápida. Os díodos emissores de luz são utilizados em aplicações tão diversas como a iluminação para aviação, faróis de automóveis, publicidade, iluminação geral, sinais de trânsito, flashes de câmaras e papel de parede iluminado. São também significativamente mais eficientes em termos energéticos e, sem dúvida, têm menos preocupações ambientais relacionadas com a sua eliminação.

Ao contrário de um laser, a cor da luz emitida por um LED não é coerente nem monocromática, mas o espetro é estreito em relação à visão humana e, para a maioria dos fins, a luz de um elemento de díodo simples pode ser considerada funcionalmente monocromática.

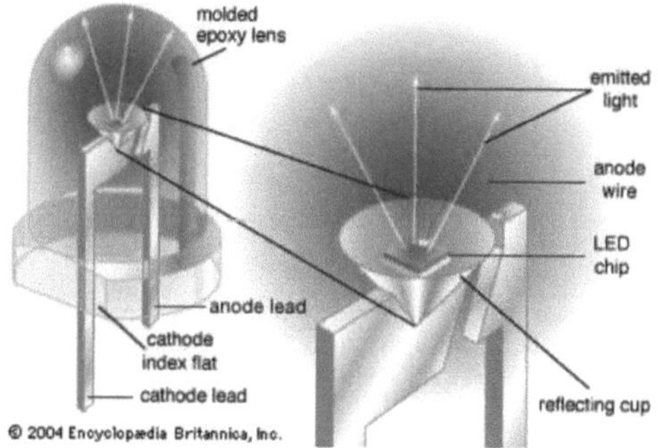

Fig.3.5 LED

3.3 MyRIO

O MyRIO é um sistema incorporado em tempo real para avaliação. Foi introduzido pela National

Instruments. Podemos utilizá-lo para desenvolver os sistemas que requerem FPGA e microprocessador a bordo. É necessário o Lab VIEW para o programar. Utilizando este dispositivo, é muito fácil para os estudantes conceberem sistemas complicados e resolverem problemas da vida real de forma eficiente e rápida. A sua velocidade de processamento é quase dez vezes superior à dos microcontroladores e microprocessadores normais. Este dispositivo pode ser utilizado em sistemas que exijam respostas rápidas, por exemplo, máquinas CNC, robôs de duas rodas que se equilibram sozinhos e robôs que efectuam diferentes operações humanas.

É um dispositivo portátil e os estudantes podem utilizá-lo facilmente para a conceção e o controlo de robôs e de muitos outros sistemas de forma bastante eficiente. Funciona a uma frequência de 667 MHz O myRIO tem um processador programável ARM cortex A9 de núcleo duplo. Tem uma matriz de portas programáveis de campo (FPGA) da Xilinx. O suporte FPGA no myRIO ajuda os estudantes a conceber sistemas de desenvolvimento reais e a resolver problemas reais muito mais rapidamente do que os outros microcontroladores. Utilizando o suporte FPGA, podemos evitar a sintaxe complicada utilizada na linguagem C e em muitas outras. Basta criar uma lógica em vez de escrever um código complicado com a sintaxe correta. Assim, reduziu as dificuldades dos estudantes na conceção de sistemas complicados. É um dispositivo amigo do estudante e muito fácil de utilizar. A velocidade de processamento do myRIO é bastante superior à dos microcontroladores normais. Por isso, pode ser utilizado para resolver problemas da vida real e pode ser facilmente utilizado em sistemas eficientes que necessitem de uma resposta de saída rápida. Suporta diferentes linguagens, por exemplo, C, C++ e linguagem gráfica (FPGA).

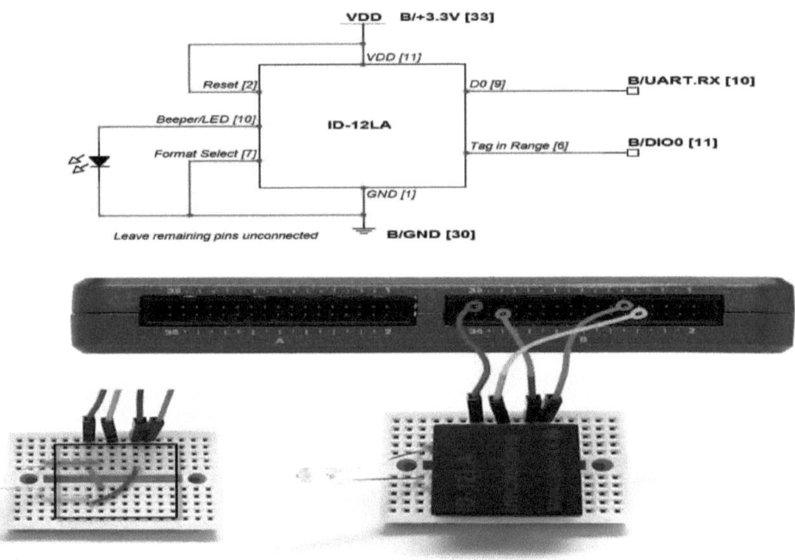

Fig.3.6 Leitor RFID utilizando o myRIO

CAPÍTULO 4

IMPLEMENTAÇÃO

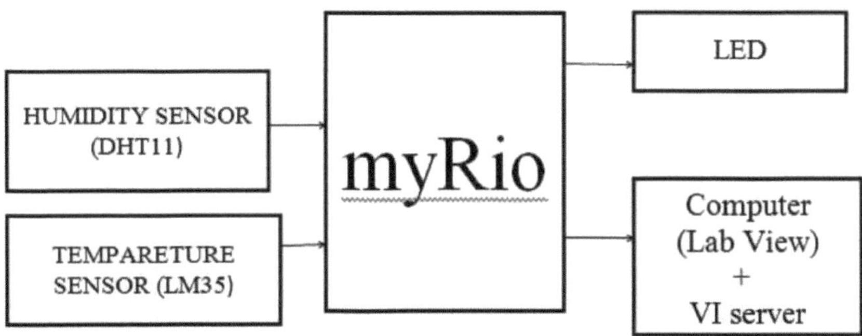

Fig.4.1 Diagrama de blocos

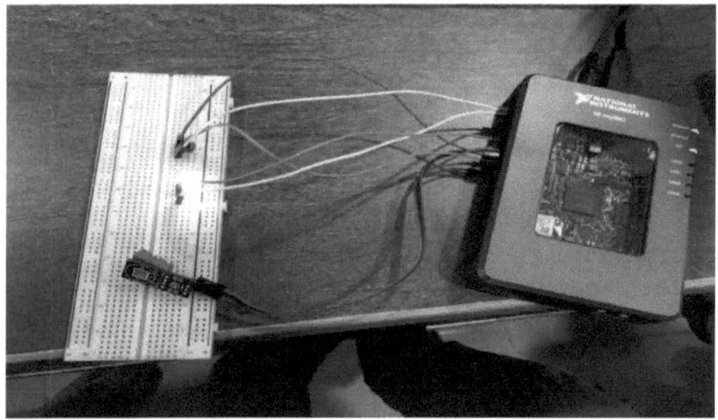

Fig.4.2 myRIO integrado com a breadboard

- A Fig. 4.2 mostra que o sensor de temperatura (LM35), o sensor de humidade (DHT11) e o LED estão ligados à placa de pão e ao meu kit Rio.
- O LED acende quando o sensor de temperatura detecta uma temperatura superior ao valor indicado no circuito.

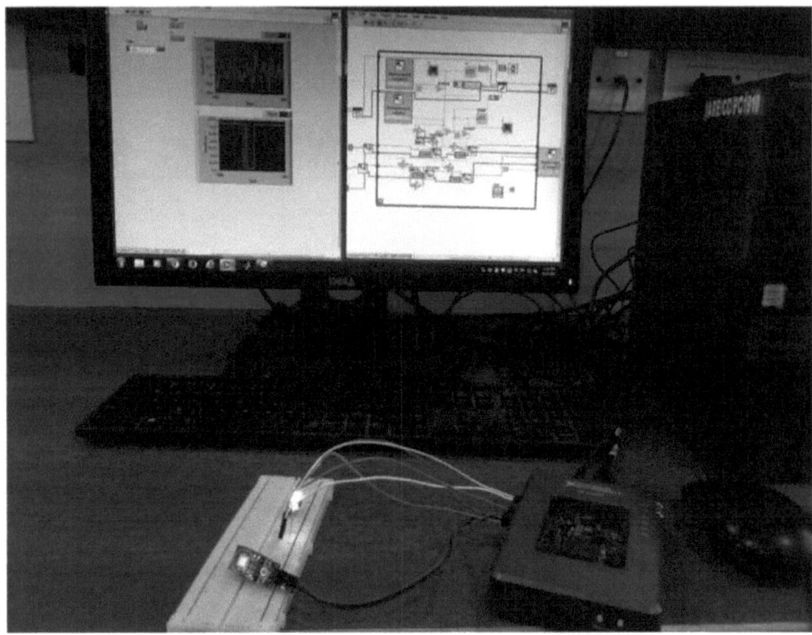

Fig.4.3 Implementação de hardware e software

- A figura 4.3 mostra a implementação de hardware e software do projeto.
- A implementação é feita através da interface do meu Rio com a breadboard e ligando-o ao computador para a implementação do software.
- O sensor de temperatura e o sensor de humidade são colocados na placa de pão e são ligados à porta A do myRIO e o LED é ligado ao sensor de temperatura.
- O programa é concebido no software Labview e o circuito servidor e cliente são concebidos.
- O programa é executado e os valores de saída são armazenados no servidor Web.

4.1 Configuração de hardware:

Ligue o dispositivo NI myRIO ao computador utilizando o adaptador de corrente fornecido com o mesmo. Ligue a extremidade USB Tipo B do cabo USB ao dispositivo NI myRIO. Ligue a outra extremidade do cabo à porta USB do seu computador.

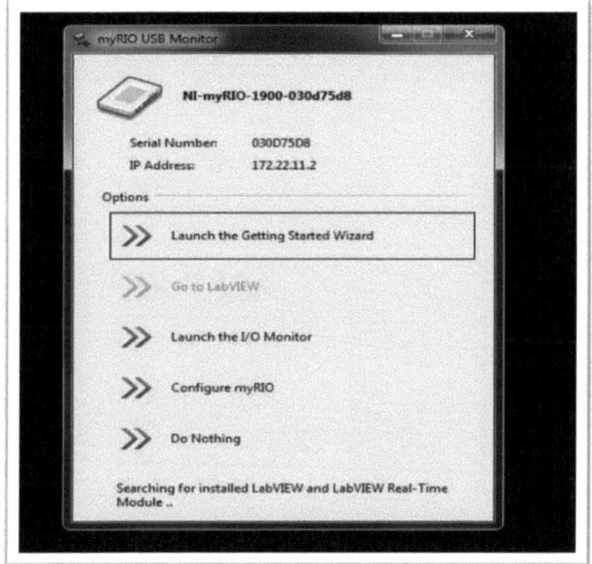

Fig.4.4 Monitor USB MyRIO

A partir do NI myRIO USB Monitor, selecione launch the Getting Started Wizard. Selecione Next (Seguinte) e o assistente liga-se à unidade NI myRIO, verifica se existe software na mesma e pede-lhe para mudar o nome do dispositivo

Iniciar o Assistente de Introdução:

Depois disso, abre-se uma janela. Com ela, pode observar os valores do acelerómetro de três eixos incorporado, testar a funcionalidade do botão de pressão definido pelo utilizador e alternar os quatro LEDs incorporados.

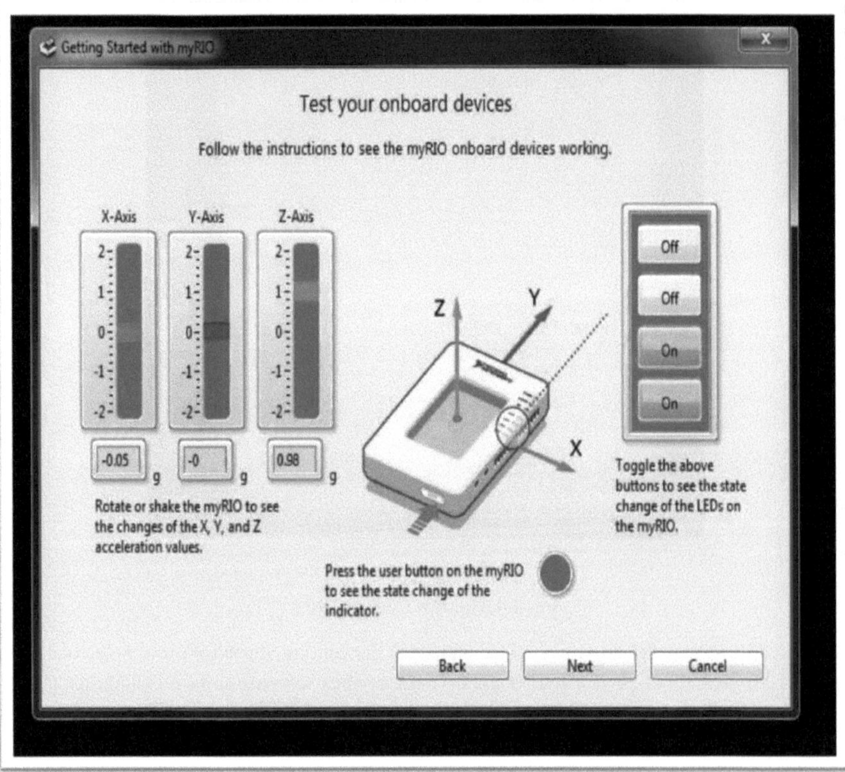

Fig.4.5 Começar a utilizar o myRIO

Criar projeto:

Para criar o projeto, clique com o botão direito do rato no projeto: untitled projectl.

- Selecione Novo e selecione Destino e dispositivos.

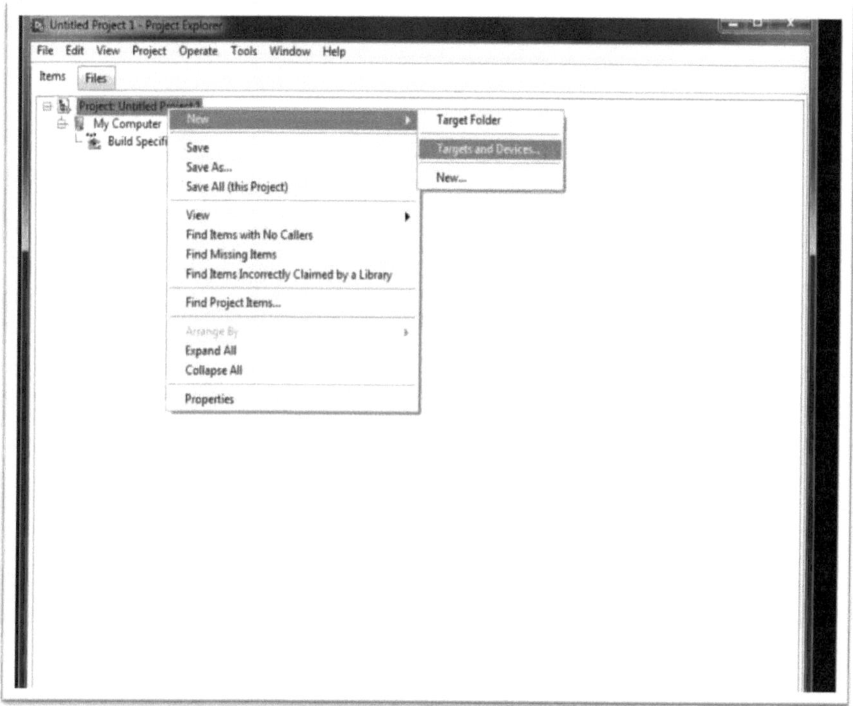

Fig.4.6 Explorador de projectos

Adicionar destino e dispositivos

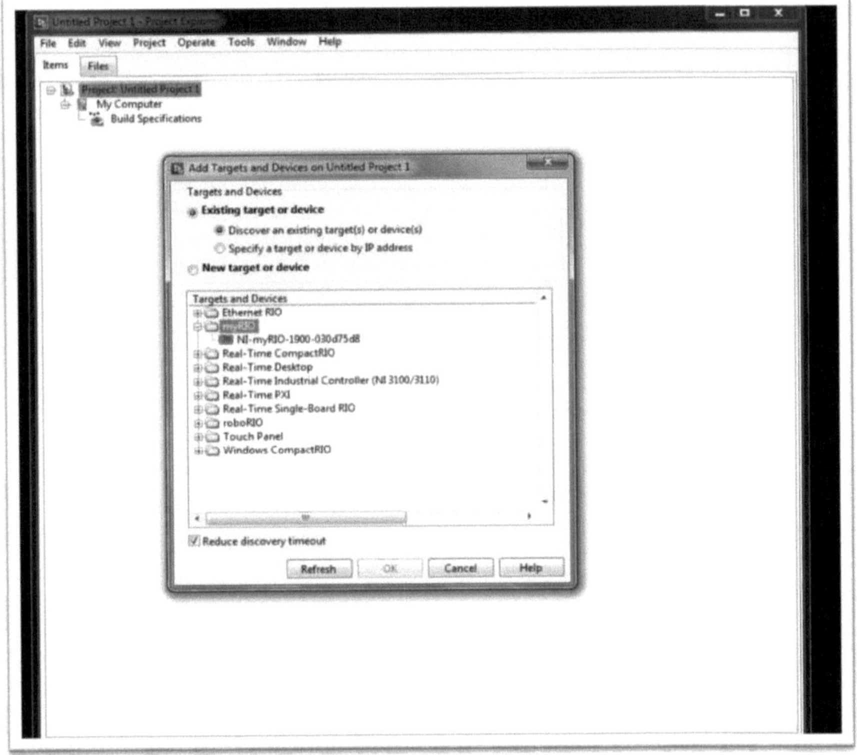

Fig.4.7 Adicionar destino e dispositivos

- Esta janela liga o NI-myRio-1900-030d75d8 ao projeto.
- Para ligar o myRIO, faça duplo clique no myRio na página de alvos e dispositivos.
- Clique em OK

Criar uma VI em branco

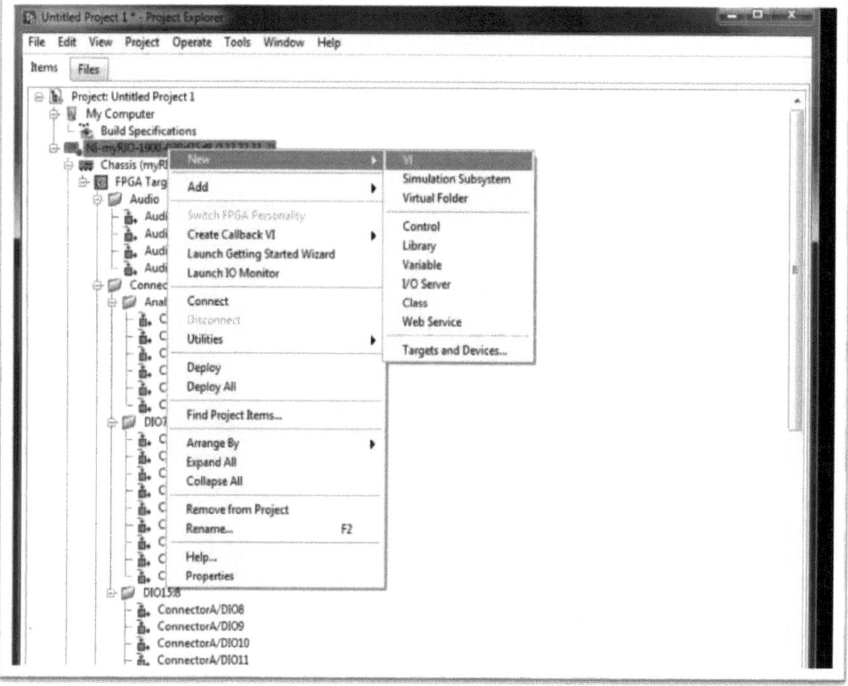

Fig.4.8 Criar uma VI em branco

- Para criar um VI em branco, clique com o botão direito do rato em NI-myRio1900-030d75d8 e selecione New VI.
- A VI em branco contém o painel frontal e o diagrama de blocos.

Programa de fragmentos de VI do servidor:

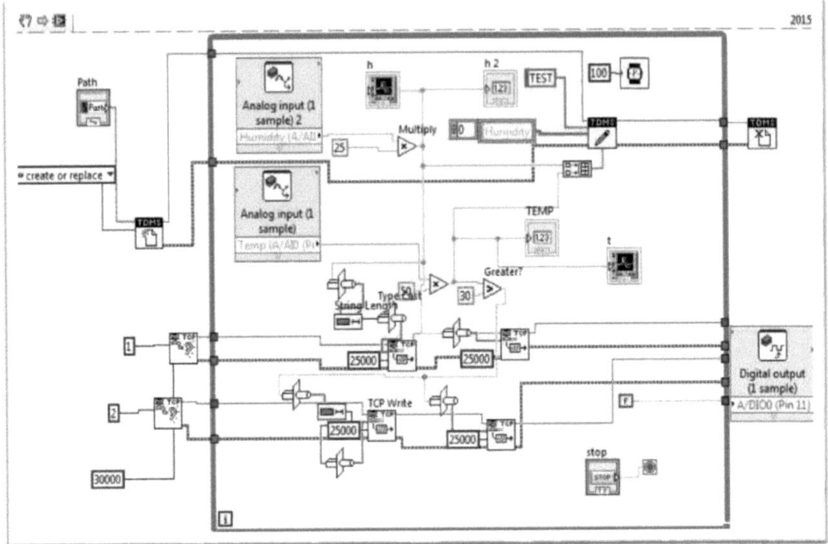

Fig.4.9 Programa de Snippet do VI Servidor

- Conceção de um circuito servidor com base no diagrama de blocos de um VI.
- O circuito do servidor contém

Escuta TCP VI:

- Cria um ouvinte e aguarda por uma ligação de rede TCP aceite na **porta** especificada.
- Se não especificar um endereço de rede, o Lab VIEW escuta em todos os endereços de rede. Utilize a função String to IP para obter o endereço de rede IP do computador atual.

Função de abertura do TDMS:

- Abre um ficheiro .tdms para leitura ou escrita. Também pode ser utilizada como função para criar um novo ficheiro ou substituir um ficheiro existente. Utilize a função .TDMS Close para fechar a referência ao ficheiro.

Função de fecho do TDMS

Fecha o ficheiro .tdms que foi aberto com a função TDMS Open.

- Isto garante que os ficheiros são fechados corretamente.

Função de escrita TCP:

- Grava dados numa ligação de rede TCP.

Tipo Função de fundição:

- Conversão de um tipo de dados para outro tipo de dados (String).

Função de comprimento da cadeia de caracteres:

- Fornece o comprimento, ou seja, o número de caracteres (bytes) na **cadeia de** caracteres.

Construir função de matriz:

- Concatena várias matrizes ou acrescenta elementos a uma matriz n-dimensional.

Entrada analógica:

- Mostra os valores em formato analógico no painel frontal, como os valores de temperatura e humidade.

Saída digital:

- Mostra a saída em formato digital, ou seja, ON e OFF do LED.

Função de escrita TDMS:

- Transmite dados para o ficheiro .tdms especificado. O subconjunto de dados a escrever é determinado pelos valores identificados nas entradas **nome do grupo em** e **nome do canal em**.

Programa de trechos VI do cliente:

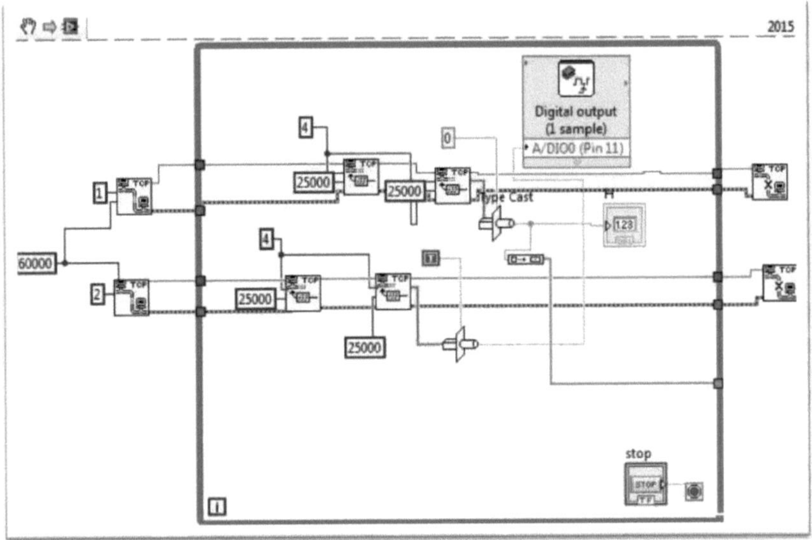

Fig.4.10 Programa de Trecho de VI de Cliente

- Conceção do circuito cliente no painel de diagramas de blocos de outras VI.

Função de ligação aberta TCP:

- Abre uma ligação de rede TCP com o **endereço** e **a porta remota ou o nome do serviço**

Função de encerramento da ligação TCP:

- Fecha uma ligação de rede TCP.

CAPÍTULO 5

RESULTADOS

5.1 Gráficos:

- O painel frontal apresenta os valores de saída da temperatura e da humidade.
- As saídas são representadas sob a forma de gráficos e valores analógicos.

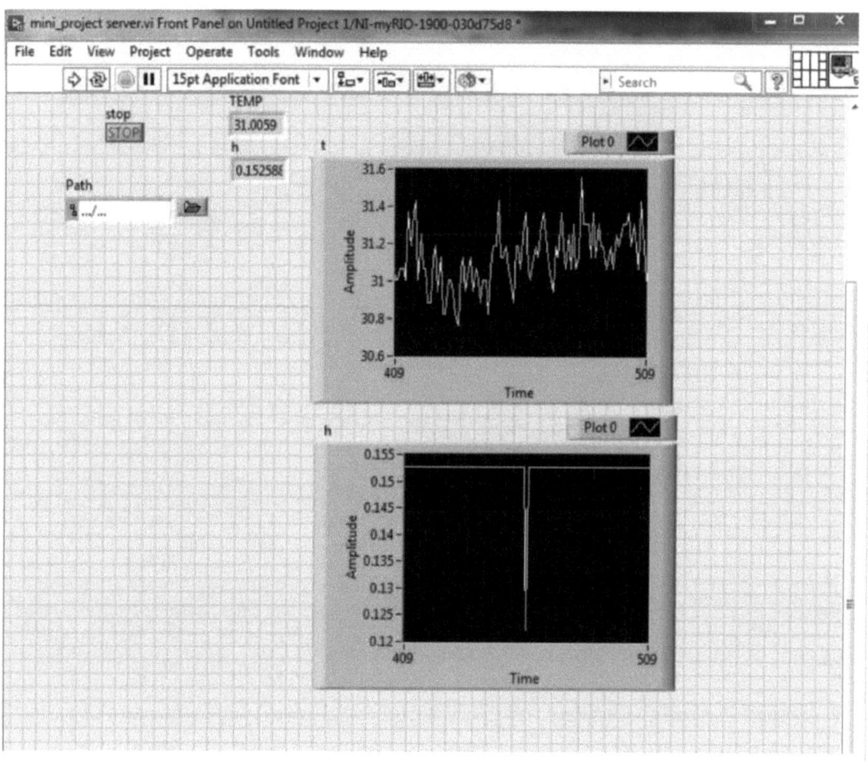

Fig.5.1 Gráficos de saída para temperatura e humidade

5.2 FOLHA EXCEL

Para abrir a folha de Excel utilizando o servidor Web:

Abra um novo separador no chrome ou no browser; introduza o endereço IP como 172.22.11.2/files/tmp.

É aberta uma página Web, como mostra a figura

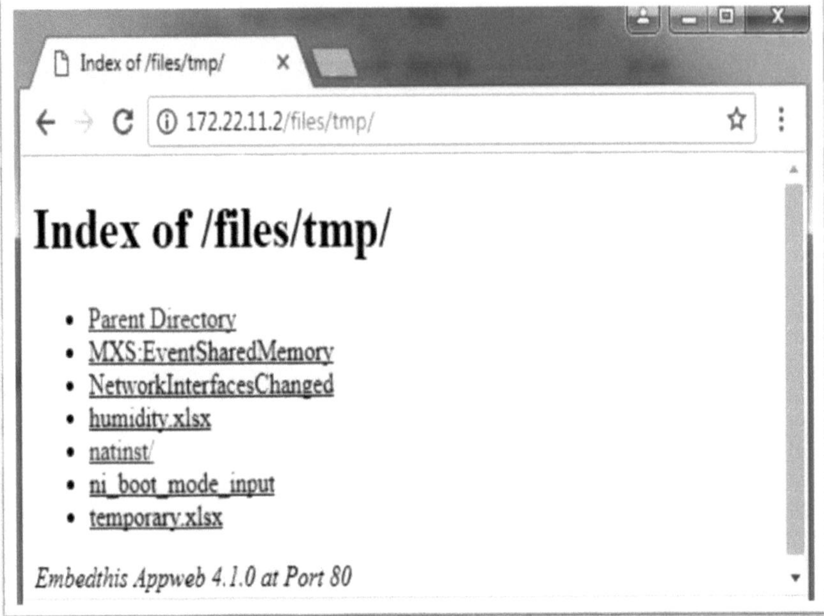

Fig.5.2 Página web

- Para abrir os valores de humidade e temperatura numa folha de Excel, clique em humidade.xlsx e temparatura.xlsx na página Web.

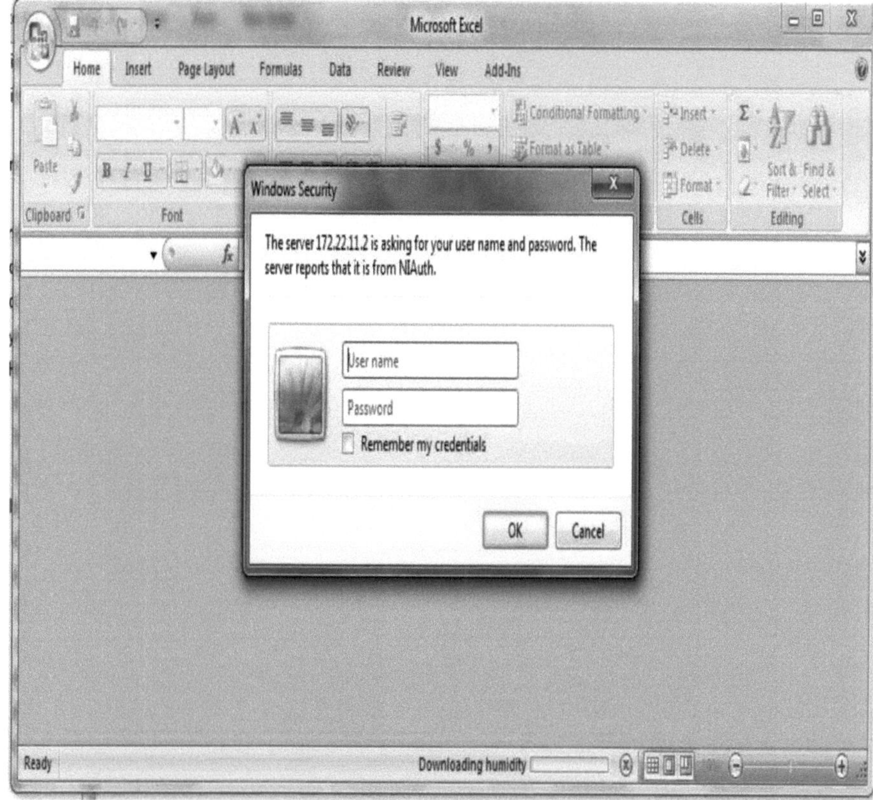

Fig.5.3 Segurança do Windows

- Introduza o nome de utilizador e a palavra-passe na página acima para abrir a folha de Excel.
- Clique em OK.
- A folha de Excel é aberta como se mostra abaixo.

Saída sob a forma de folha de Excel:

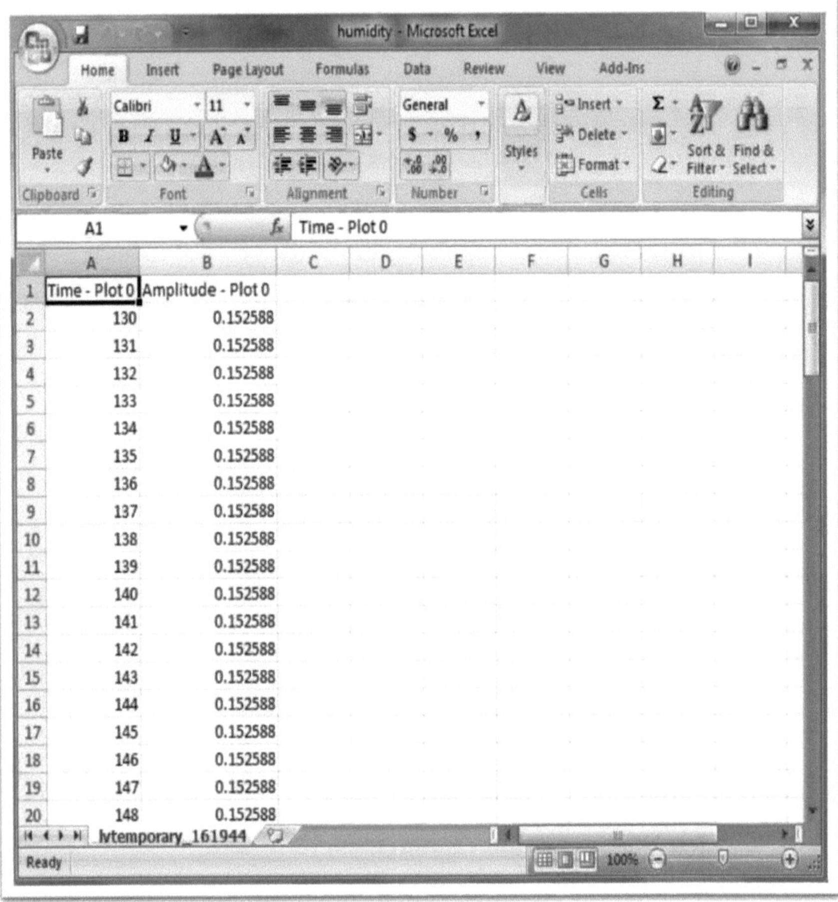

	A	B
1	Time - Plot 0	Amplitude - Plot 0
2	130	0.152588
3	131	0.152588
4	132	0.152588
5	133	0.152588
6	134	0.152588
7	135	0.152588
8	136	0.152588
9	137	0.152588
10	138	0.152588
11	139	0.152588
12	140	0.152588
13	141	0.152588
14	142	0.152588
15	143	0.152588
16	144	0.152588
17	145	0.152588
18	146	0.152588
19	147	0.152588
20	148	0.152588

Fig.5.4 Saída do sensor de humidade

- Os valores de humidade são apresentados numa folha de Excel em função do tempo.

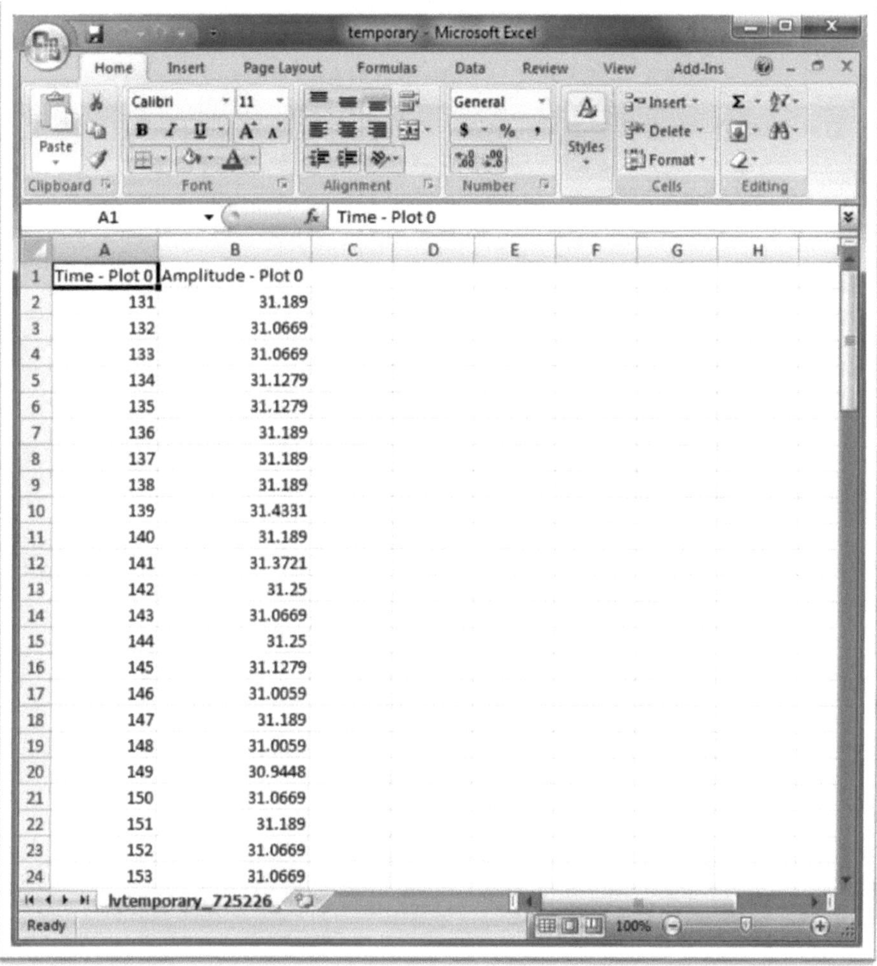

Time - Plot 0	Amplitude - Plot 0
131	31.189
132	31.0669
133	31.0669
134	31.1279
135	31.1279
136	31.189
137	31.189
138	31.189
139	31.4331
140	31.189
141	31.3721
142	31.25
143	31.0669
144	31.25
145	31.1279
146	31.0059
147	31.189
148	31.0059
149	30.9448
150	31.0669
151	31.189
152	31.0669
153	31.0669

Fig.5.5 Saída do sensor de temperatura

- Os valores de temperatura são apresentados numa folha de Excel em função do tempo.

CAPÍTULO 6

CONCLUSÃO E ÂMBITO FUTURO

6.1 Conclusão

Por fim, concluímos que a monitorização dos parâmetros industriais é necessária para aumentar o grau de automatização do processo industrial com uma ferramenta de software avançada, o Lab VIEW, e que esta ferramenta fornece uma linguagem de programação gráfica de excelência que permite ao operador analisar facilmente o código fonte. Esta ferramenta é mais adequada para uma melhor interface de hardware NI myRIOdevice.There são algumas aplicações onde a temperatura constante é necessária, por isso temos de declarar ponto de ajuste. Se a temperatura estiver abaixo do ponto de ajuste, o led estará desligado e se estiver acima do ponto de ajuste, o led estará ligado. Para transmitir dados do dispositivo existente com interface periférica serial para a rede, o sistema de monitoramento e controle Ethernet é baseado no navegador da web.

6.2 Âmbito futuro

A monitorização remota e o controlo do sistema de parâmetros podem ser melhorados através da adição de sensores adicionais para monitorizar outros parâmetros, como a humidade, o medidor de tensão, etc., para aumentar o grau de automatização do processo na indústria.

BIBLOGRAFIA

[1] P.Ferrari, A. Flammini, D. Marioli, E. Sisinni e A. Taroni, An Inter-net based interactive embedded data aacquisition system for real time application, IEEE Transs. Instrument measurement, vol. 54, no. 6, Dez. 2005.

[2] Manivannan M, Kumaresan N, Design of on-line interactive data acquisi-tion and control System for Embedded real time application, Proc. IEEE International Conference on Emerging Trends in Electrical and Computer Technology, pp. 551556, 2011.

[3] S.S.Wagh, PradeepV.Kalge, Monitorização e controlo remotos de parâmetros industriais utilizando um servidor Web incorporado e GSM, Indian Journal of applied research, vol. 3, pp. 214, Jul. 2013.

[4] DejanRaskovic, VenkatramanaRevuri, David Giessel e AleksandarMilenkovic, Embedded web server for wireless sensor network, IEEE 41st Southeastern Symposium on System Theory, pp.19- 23, Mar. 15-17, 2009.

[5] Mo Guan, MinghaiGu, Design and Implementation of an Embedded Web server based on ARM, IEEE International Conference on Computer Science Education, 2012, pp 479-482.

[6] Hong-TaekJu, Mi-Joung Choi e James W. Hong, An efficient and lightweight embedded Web server for Web-based network element man-agement, International journal of Network Mgmt, pp. 261-275, 2000.

[7] Bhuvaneswari.S, SahayaAnselinNisha.A, Implementação de Tcp/Ip em Servidor Web Embarcado usando Raspberry Pi em aplicação industrial, IJARCCE, vol. 3, pp. 52405244, Mar. 2014.

[8] SarikaChhatwani, Embedded web server, IJEST, vol. 3, no. 2, pp. 1233-1238, Feb. 2011.

[9] Igor Klimchynski, Extensible Embedded web server architecture for internet based data Acquisition and control, IEEE Sensor Journal, vol. 6, no. 3, pp. 804-811, Jun. 2006.

[10] Soumya Sunny P, Roopa.M, Sistema de aquisição e controlo de dados utilizando um servidor Web incorporado, IJETT, vol. 3, pp. 411-414, 2012.

[11] V.BillyRakesh Roy, SanketDessai e Shiva Prasad Yadav, Design and development of ARM processor based web server, IJRTE, vol. 1,no. 4, pp. 94-98, maio de 2009.

Printed by Books on Demand GmbH, Norderstedt / Germany